SOCIÉTÉ CENTRALE DE SAUVETAGE DES NAUFRAGÉS
1, Rue de Bourgogne — PARIS

CANOTS DE SAUVETAGE

ET

MARINS SAUVETEURS

CONGRÈS DE SAUVETAGE DE LONDRES

PARIS
SOCIÉTÉ D'ÉDITIONS
GÉOGRAPHIQUES, MARITIMES ET COLONIALES
17, Rue Jacob (VIe)

1925

CANOTS DE SAUVETAGE

ET

MARINS SAUVETEURS

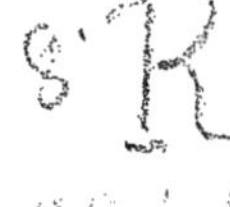

SOCIÉTÉ CENTRALE DE SAUVETAGE DES NAUFRAGÉS

1, Rue de Bourgogne — PARIS

CANOTS DE SAUVETAGE

ET

MARINS SAUVETEURS

CONGRÈS DE SAUVETAGE DE LONDRES

PARIS

SOCIÉTÉ D'ÉDITIONS

GÉOGRAPHIQUES, MARITIMES ET COLONIALES

17, Rue Jacob (VIe)

—

1925

CANOT A DEUX MOTEURS

AVERTISSEMENT

On doit distinguer deux catégories de canots de sauvetage.

Les uns, embarqués sur les navires de haute mer, ont pour destination de donner asile, en cas de sinistre, au plus grand nombre possible de personnes, jusqu'au moment où d'autres navires seront intervenus pour les recueillir.

Parfois, ces canots pourront avoir à entreprendre une longue navigation pour rallier la terre la moins éloignée ; mais la diffusion de la T. S. F. rend de tels cas de plus en plus rares, et on peut dire que le plus généralement le rôle des canots de sauvetage de navires consiste à tenir la mer jusqu'à l'arrivée des secours que la T. S. F. a sollicités.

L'autre catégorie est celle des canots qui, répartis le long du littoral et conservés à terre dans des abris appropriés, ont pour fonction de se porter au secours des navires de toutes dimensions, depuis les barques de pêche jusqu'aux paquebots, en péril en un point quelconque de la côte.

On voit immédiatement que ces deux catégories de canots de sauvetage ne répondant pas aux mêmes besoins doivent être assez différents. Certains principes d'une importance vitale pour les canots de côte perdent beaucoup de leur intérêt pour les canots à embarquer sur des navires, et peuvent même être alors abandonnés en faveur d'autres considérations.

Dans cette étude, nous ne nous occuperons que des canots de côte. Nous prions le lecteur de ne jamais perdre de vue cette remarque essentielle.

CARACTÉRISTIQUES
DES CANOTS DE SAUVETAGE

Tout canot de sauvetage doit remplir deux conditions fondamentales :

1º N'exposer son équipage qu'à un minimum de risques.

2º Etre effectif, c'est-à-dire capable, sauf circonstances tout à fait exceptionnelles, de faire route pour accomplir sa mission quelles que soient les conditions de temps et de marée.

Ces conditions, comme il arrive souvent en construction navale, s'opposent l'une à l'autre dans une certaine mesure, et tout le problème consiste à les concilier.

On comprend déjà qu'en raison de la variabilité des situations locales : nature du rivage et des fonds littoraux, force des courants, distance à franchir pour atteindre les parages où les sinistres se produisent le plus souvent, difficultés plus ou moins grandes de lancement, enfin quantité et qualité des hommes susceptibles de constituer l'équipage, il ne saurait y avoir un type unique de canot de sauvetage convenant dans tous les cas, et qu'au contraire, en chaque point de la côte, le type choisi doit être adapté au pays.

Mais, quel que soit le type, les deux principes que nous avons d'abord énoncés doivent être à la base de la construction.

Insubmersibilité.

La première qualité que doit posséder un canot de sauvetage est d'être *insubmersible*. Il ne doit donc pas être exposé à *rem-*

plir ; pour cela, il faut qu'il soit ponté, de façon que la presque totalité de sa capacité intérieure constitue un vase clos. Mais ce vase clos lui-même ne doit pas risquer d'être envahi par la mer en cas de voie d'eau ; pour obtenir cette garantie, le seul procédé pleinement efficace consiste à le garnir à peu près entièrement avec des caissons à air hermétiques et étanches. Dès lors, si une avarie donne entrée à l'eau dans l'intérieur de la coque, cette eau ne trouve à occuper que des espaces très restreints, et l'insubmersibilité du canot n'est aucunement compromise.

En outre, cette faible quantité d'eau, remplissant uniformément les espaces libres à l'avant et à l'arrière, à tribord et à bâbord, ne détermine qu'un déplacement parallèle du plan de la flottaison sans en altérer les lignes générales ; la stabilité de l'embarcation n'en est pas modifiée d'une façon grave.

Un autre avantage des caissons à air est que, n'étant pas fixés, ils possèdent un certain champ de déplacement sous un choc, et ainsi le risque qu'ils soient percés en même temps que le canot peut être pratiquement tenu pour nul. Nous ne connaissons aucun exemple de canot garni de caissons à air qui ait coulé.

Quand le canot est en fer, les procédés de construction conduisent en général à remplacer le système des caissons à air par un réseau de cloisons étanches. Cette deuxième méthode n'est qu'un pis-aller, et ce serait une dangereuse erreur que de tenir pour insubmersible un canot divisé en compartiments étanches non remplis de caissons à air. Lorsqu'un canot talonne sur des rochers, il ne peut guère manquer d'être atteint en plusieurs de ses compartiments, lesquels, étant vides, présentent à l'eau d'amples volumes à occuper ; comme il y a de grandes chances que ces compartiments soient contigus, cette invasion de l'eau agit de la façon la plus dangereuse sur la stabilité. Le danger est surtout grand si le compartimentage comporte une cloison longitudinale ; car alors, si les compartiments envahis par l'eau sont tous situés du même bord, le chavirement du canot sera à peu près certain.

Un autre inconvénient d'un cloisonnement multiplié est qu'il exige, pour la visite de l'intérieur de la coque, autant de trous d'hommes, et, pour la vidange de l'eau qui a pénétré accidentellement, autant de nables qu'il y a de compartiments. Avec le système des caissons à air, il suffit d'un panneau unique et de deux nables.

Sur les canots à moteur, quelques cloisons étanches sont inévitables. Il faut en limiter le nombre au minimum, et demander toujours aux caissons à air d'assurer, pour la plus grande part, l'insubmersibilité.

Stabilité.

Un canot fait pour affronter le mauvais temps ne doit pas plus risquer de chavirer que de couler.

On dit souvent que les canots de sauvetage doivent être « inchavirables ». Lorsqu'un canot a une barre à franchir ou qu'il est dans les petits fonds soumis aux vagues de rivage déferlantes, aucune forme ni aucun dispositif spécial ne peut le garantir d'une façon absolue contre le risque de chavirer. Nous préférons donc nous abstenir du mot « inchavirable », qui relève plutôt de l'emphase oratoire que du langage scientifique, et nous nous bornerons à exiger des canots de sauvetage qu'ils possèdent une très grande stabilité.

La grande stabilité est réalisée par des moyens bien connus : formes élargies (la largeur pouvant atteindre les trois dixièmes de la longueur), fonds presque plats, quilles lourdes (1).

La France, comme l'Angleterre, possède de nombreux canots construits d'après ces règles ; ces canots, en service depuis de longues années, ont fait leurs preuves dans les mers les plus

---

(1) Certains canots ont deux compartiments formant « water-ballast », c'est-à-dire destinés à être remplis d'eau quand on le juge utile pour augmenter la stabilité, mais une telle manœuvre alourdit considérablement le canot et entraîne un déplacement plutôt fâcheux du plan de flottaison. Le système des water-ballasts ne semble donc pas à recommander.

dures, et nous n'avons pas appris qu'aucun ait jamais chaviré. Aussi tendent-ils de plus en plus à devenir le type actuel du canot de sauvetage.

Evacuation automatique.

Entre le pont du canot et le plat-bord doit exister nécessairement un espace libre d'une hauteur suffisante pour donner place aux rameurs assis sur leurs bancs, et leur permettre de faire effort sur les avirons. Cet espace constitue une sorte de vaste cuvette qui, si elle était remplie par l'eau provenant des paquets de mer, compromettrait gravement la stabilité. On obvie à ce danger en faisant évacuer l'eau par des puits cylindriques verticaux d'un large diamètre munis d'un clapet à leur orifice supérieur. Ces puits, qui traversent le canot depuis le pont jusqu'à la quille et qui sont en aussi grand nombre que le permet la construction, sont disposés en deux rangées parallèles situées de part et d'autre du plan longitudinal. La hauteur du pont du canot au-dessus du plan de flottaison doit, en toutes circonstances, rester suffisante pour que l'évacuation automatique par les puits soit toujours assurée.

Ajoutons qu'en général le pont est garni sur toute sa longueur de deux rangées de caissons à air placées latéralement à tribord et à bâbord, qui réduisent d'autant le volume que l'eau peut envahir.

Redressement spontané.

Le canot à redressement automatique comporte deux coffres à air volumineux en forme de dômes, l'un à l'avant, l'autre à l'arrière. Si le canot vient à chavirer la quille en l'air, les dômes seuls plongent dans la mer, c'est là une position instable que le canot ne peut conserver, il continue donc sa rotation jusqu'à ce qu'il se retrouve en position normale.

Les canots de ce type ont constitué, à l'origine des Sociétés de Sauvetage et pendant bien des années, le type classique du canot de sauvetage. A une époque où le moteur à essence n'existait pas et n'était même pas imaginé, l'aviron était, dans une foule de cas, l'instrument essentiel des sauvetages côtiers. Or, on tenait pour impossible de donner à un canot des formes assurant la très grande stabilité exigée dans le mauvais temps et permettant néanmoins une marche satisfaisante à l'aviron. Aussi renonçait-on à poursuivre une stabilité irréalisable, et le redressement automatique était une façon ingénieuse, sinon de résoudre la difficulté, du moins de la tourner. Elle permettait de conserver au canot des formes assez fines, et on acceptait l'éventualité du chavirement avec le correctif d'un redressement automatique instantané.

Cette solution ne laissait pas que de présenter des inconvénients. Les dômes constituent un fardage nuisible ; ils sont une partie délicate et exposée de la coque, dans laquelle une avarie a des conséquences particulièrement graves.

Mais le plus gros défaut du canot à redressement spontané est de n'avoir pas une action suffisamment effective. De la définition même, il ressort en effet que le canot à redressement spontané est plus susceptible qu'un autre de chavirer ; une forte voilure lui est interdite ; la marche à l'aviron s'impose dans un assez grand nombre de cas ; et ainsi, bien souvent, le pouvoir d'intervention du canot ne va guère au delà de ce que l'effort humain est capable de fournir.

Le désir de concilier la faculté de redressement spontané avec une grande stabilité a conduit à doter certains canots d'un grand dériveur métallique muni d'un lourd bulb de plomb ; ce dériveur, mobile autour d'un pivot et placé dans le plan longitudinal, peut être descendu lorsqu'on navigue à la voile ; on abaisse ainsi considérablement le centre de gravité de l'ensemble et on donne au canot une grande stabilité. Mais l'addition de cet organe entraîne pour la construction de regrettables conséquences. Indiquons d'ailleurs que les plus grands et les plus fréquents risques de chavirement se produisent sur les petits fonds, et qu'alors le dériveur ne peut être utilisé ; il constituerait en pareil cas le plus redoutable des périls si, par suite d'un oubli ou d'une avarie, il n'était ou ne pouvait être rentré au moment voulu dans son logement à l'intérieur du canot.

Tirant d'eau.

Les canots de sauvetage sont très souvent appelés à secourir des navires échoués ; leur action s'exerce principalement en eau peu profonde et par conséquent on doit s'attacher à leur donner le plus faible tirant d'eau possible.

Ce principe acquiert une importance encore plus grande pour les canots placés sur des plages à faible déclivité ; un très petit tirant d'eau devient alors une condition *sine qua non* de la possibilité du lancement. C'est ainsi que, dans certaines régions, telles que le delta du Rhône, des embarcations à fond plat peuvent seules être utilisées.

Poids et Vitesse.

Les dispositifs par lesquels un canot est rendu insubmersible et très stable consistent tous en additions de poids et en élargissement des formes : deux conditions défavorables à la vitesse.

Il n'y a donc pas lieu de s'étonner si par beau temps, ou lorsque le navire qui appelle à l'aide est situé à grande distance, le canot de sauvetage arrive sur les lieux après d'autres embarcations ou navires plus rapides ayant perçu les appels.

Ce serait une grave erreur de partir de ce fait pour chercher à augmenter la vitesse des canots de sauvetage au détriment des conditions qui ont pour but de garantir la sécurité des sauveteurs et des hommes secourus. Le canot de sauvetage a un champ d'action limité dans lequel il est seul à pouvoir opérer par gros temps avec une sécurité obtenue moyennant certains sacrifices.

Il faut consentir ces sacrifices, mais on doit s'attacher à les réduire en faisant choix des matériaux de construction les moins lourds et en bannissant sévèrement toutes les surcharges dont l'utilité n'est pas démontrée.

Dimensions.

Pour tenir la mer par tous les temps, les canots les plus grands sont les meilleurs, mais ce desideratum trouve déjà une première limite dans la fonction des canots de sauvetage, qui ont souvent à accoster un navire dans la grosse mer et à se maintenir longuement sur le flanc de ce navire ; plus le canot sera gros, plus cette manœuvre sera délicate et parfois troublante, plus elle exigera de la part du patron et des canotiers de hardiesse, de sang-froid et d'habileté.

Prétendre chiffrer la grandeur maximum des canots de sauvetage serait peut-être aventuré ; mais, pour notre part, nous ne mettrions pas volontiers en service des canots dont le déplacement excéderait 15 à 16 tonneaux.

Bien d'autres considérations conduisent, dans la plupart des cas, à adopter un chiffre beaucoup plus modeste : d'abord le montant très élevé de la dépense qui, dans les parages où la navigation est peu active et les accidents de mer très rares, ne serait plus en rapport avec les services que le canot est appelé à rendre ; ensuite le plus ou moins de facilité de recrutement de l'équipage soit en nombre, soit en qualité ; enfin la topographie locale, surtout quand la côte est basse ou mal abritée, qui rendrait impossible le lancement d'un canot important. Il peut même arriver, dans les cas les plus défavorables, que, plutôt que de laisser un point de la côte dépourvu de tout moyen de secours, on soit amené à y placer un canot petit et par conséquent de qualité médiocre, assimilable aux canots que possèdent les communes pour la surveillance des bains de mer ; ce ne sont plus là de véritables canots de sauvetage. Pour qu'un canot possède à un degré suffisant les caractéristiques de canot de sauvetage, il ne semble pas possible que son déplacement descende au-dessous de 1.000 à 1.100 kilogrammes, avec les dimensions qui en découlent.

Bois ou Acier.

A l'origine des canots de sauvetage, une telle question ne se posait pas, il ne serait venu à la pensée de personne de les construire en fer. On se préoccupa uniquement de déterminer le mode de construction en bois répondant le mieux à la mission de ces canots. Sans entrer dans une description détaillée que le caractère de la présente étude ne comporte pas, indiquons seulement qu'on adopta la construction en bois d'acajou à deux rangs de bordages se croisant diagonalement, avec interposition d'une toile cérusée imperméable. On réalisa ainsi une étanchéité et une élasticité qui ont valu à ce procédé une réputation universelle. Une grande élasticité est en effet très importante pour des canots appelés à opérer par gros temps en pleine mer le long d'un navire et à naviguer sur des petits fonds et dans des parages à récifs.

Les canots en bois, lorsqu'ils ont été bien construits et avec des bois bien secs, ont une longévité considérable, et leur entretien ne réclame que des soins faciles et peu absorbants.

Plus tardivement l'emploi du fer pour les canots de sauvetage fit son apparition dans quelques pays, il était suggéré par la grande économie d'argent qui devait en résulter. Mais c'était renoncer du même coup à des avantages de premier ordre. Le métal est fort peu élastique, et tous les chocs un peu violents y laissent leur empreinte définitive ; les déformations ainsi produites créent dans la coque des points de moindre résistance. D'ailleurs l'obligation de n'employer que des tôles de faible échantillon (car des tôles plus épaisses auraient un poids inacceptable), entraîne déjà une fragilité relative : les tôles, même galvanisées, ne peuvent guère manquer d'être attaquées petit à petit par la rouille sur leurs deux faces, notamment autour des rivets, et il faut des soins attentifs et fréquents pour la combattre. Un autre danger plus grave menace les canots en fer : s'ils viennent à s'échouer sur un fond dur, les rivets sont très exposés à s'arracher et les tôles à être déchirées.

Tous ces inconvénients s'atténuent lorsque, le tonnage atteignant ou dépassant 20 tonneaux, les dimensions sont plus grandes et les tôles plus épaisses. Mais nous avons déjà mentionné qu'actuellement, en ce qui concerne notre pays, nous ne jugeons pas opportun de dépasser le déplacement de 15 à 16 tonneaux.

Canots à vapeur.

Les principes que nous venons d'exposer permettent de mesurer combien était difficile à résoudre, alors qu'on ne disposait que des voiles et des avirons, le problème du canot de sauvetage à la fois sûr et effectif.

Aussi est-il arrivé trop souvent que les meilleurs canots ont été impuissants lorsqu'ils devaient soutenir une lutte trop prolongée contre vent et courant. On s'est préoccupé de rendre cette lutte moins inégale en plaçant les canots sur des chariots de transport auxquels des chevaux, en aussi grand nombre qu'il le fallait, pouvaient être attelés de façon à gagner par la voie de terre un point de la côte permettant d'avoir le vent favorable. Mais ce n'était là qu'un palliatif applicable seulement dans des cas peu fréquents et à certaines embarcations.

En fait, seul un moteur mécanique pouvait assurer en toutes circonstances aux sauveteurs la victoire dans la lutte contre les éléments.

Aux environs des années 1900 à 1910, un certain nombre de canots de sauvetage à vapeur ont été mis en service dans divers pays. Le canot de sauvetage à vapeur peut convenir en certains endroits et rendre alors d'excellents services, à condition d'être doublé d'un canot à rames et à voiles. Le poids élevé de la machine et de la chaudière exige en effet un canot de grandes dimensions qui ne peut aller partout. En tout cas, la lenteur de leur entrée en action, résultant de la nécessité d'allumer les feux et d'attendre que la pression soit obtenue, est une grosse objection contre leur emploi.

Canots à moteur.

L'invention du moteur à explosion a été, pour tous ceux qui s'occupent du sauvetage côtier, l'illumination qui dissipa leurs perplexités trop souvent renaissantes. On allait enfin avoir des canots qui, prenant la mer au premier signal sans autre délai que le temps nécessaire au ralliement de l'équipage, mettraient le cap sur le but et seraient assurés de l'atteindre. Le rôle et l'efficacité des canots de sauvetage côtiers se voyaient accrus dans d'énormes proportions.

Il s'en fallait pourtant que l'utilisation des moteurs à explosion dans les canots de sauvetage fût un problème aussitôt résolu que posé. Il semblait que ce genre de moteur ne pût être utilisé que par des bateaux de course ou de plaisance, en d'autres termes qu'il ne se prêtât qu'à la navigation de beau temps.

D'autre part, comme le nombre des canots de sauvetage n'est pas assez grand, et que leurs dimensions sont trop variables, pour qu'aucun constructeur acceptât de créer un type de moteur spécialement fait pour ces canots, on ne pouvait que rechercher parmi les types existants celui ou ceux qui convenaient le mieux, et cela sans perdre de vue que le canot à moteur, tout comme le canot à rames, doit être insubmersible, posséder une grande stabilité, et n'avoir qu'un faible tirant d'eau.

Ces études comportèrent de nombreux et longs tâtonnements dont nous n'avons pas à retracer ici l'histoire, et c'est seulement après plusieurs années de recherches et d'expériences que des types de canots à moteur tout à fait satisfaisants furent réalisés.

Au début, les considérations de poids semblaient conseiller un moteur de faible puissance, un simple moteur auxiliaire destiné à soutenir les voiles et les avirons, ceux-ci restant les moyens d'action fondamentaux. Mais à l'usage, on s'aperçut assez vite qu'il était difficile d'exiger des équipages un effort musculaire prolongé sur un canot pourvu d'un moteur mécanique, et la nécessité apparut d'avoir des moteurs plus puissants.

L'aviron semblant dès lors éliminé, pouvait-on envisager également la suppression de la voile et reporter intégralement sur le moteur le poids rendu ainsi disponible ? Rien ne serait plus inacceptable qu'un canot de sauvetage ne disposant d'aucune force motrice autre qu'un unique moteur, et dont l'existence même se trouverait à la merci d'une panne de ce moteur dans un moment critique. La sécurité qui s'impose la première consistera à décomposer la puissance et à la répartir entre deux moteurs indépendants l'un de l'autre ; cette solution, très pratique sur les canots de 6 tonneaux et au-dessus, semble moins facilement réalisable pour des canots plus petits. Mais quelle que soit la garantie offerte par deux moteurs indépendants, nous considérons que l'hypothèse des deux moteurs paralysés à la fois, par exemple par une cause d'origine extérieure, ne peut pas être exclue de façon absolue, et nous posons comme règle qu'un canot à moteur, soit qu'il ait un seul moteur, soit qu'il en ait deux, doit être pourvu d'une forte voilure et être bon voilier.

En revanche, confirmant ce qui a déjà été dit pour la marche à l'aviron, nous estimons que le déplacement plus grand des canots à moteur ne permet plus de compter sur ce mode de propulsion, et le mieux est d'y renoncer franchement. On gardera seulement quatre avirons au maximum pour, au besoin, favoriser une manœuvre. Il suit de là que le nombre des hommes d'équipage peut être sensiblement réduit, et c'est là un avantage précieux à plusieurs égards.

Un canot de sauvetage peut être appelé à manœuvrer au milieu d'épaves, de cordages et de débris flottants de toutes sortes. D'autre part, il peut avoir à recueillir des personnes tombées à la mer qui ne doivent pas être exposées à être blessées par les hélices. La protection des hélices est donc une question de première importance ; à cet effet, chaque hélice doit être logée dans un tunnel qui l'enveloppe au-dessus et sur les côtés. En outre, des panneaux doivent exister sur le pont et à l'aplomb de chaque hélice, pour permettre, si malgré tout elle venait à être engagée, de la dégager à la mer sans avoir à faire descendre un homme dans l'eau pour ce travail.

Les moteurs doivent pouvoir soutenir une marche prolongée avec le capot fermé, et il doit exister pour ce cas une parfaite ventilation des moteurs.

Une question très débattue a été le choix entre les moteurs à essence et les moteurs à huile lourde. Les uns et les autres présentent des avantages divers. Le fait important est que, pour une puissance donnée, le moteur à huile lourde est plus lourd et plus encombrant que le moteur à essence ; or, nous avons vu que les questions de poids jouent un rôle de premier plan dans l'établissement des canots de sauvetage. En outre le moteur à huile lourde a un départ moins prompt et moins sûr. Pour ces motifs, le moteur à essence a été, jusqu'à ce jour, presque universellement préféré.

Nous ne pouvons pas clore les considérations précédentes sans faire observer que les canots de sauvetage à rames et à voiles ne sont aucunement appelés à disparaître. Il est bien des points où le lancement d'un canot à moteur serait impraticable, par exemple sur les plages sablonneuses et à faible déclivité. En d'autres points, le recrutement d'un personnel qualifié serait impossible. Enfin, le coût très élevé d'une station de canot à moteur ne semblerait pas partout justifié.

Dans les stations de grande importance au contraire, il peut être utile de maintenir, à côté du canot à moteur, le canot à rames et à voiles à titre auxiliaire.

Les Equipages des canots.

En conclusion de cette étude, nous insisterons encore une fois sur cette remarque que les canots de sauvetage sont des embarcations strictement spécialisées, dont toute la construction est subordonnée à leur mission et qui ne sont aptes à aucune autre (1). Certaines personnes n'ont pas craint de conclure que, puisque ces canots donnent à leurs équipages de si fortes garanties de sécurité, ceux qui les montent ne s'exposent guère et ne méritent pas de très grandes louanges. Pour tenir ce langage, il faut tout au moins avoir oublié qu'en certaines circonstances, les canots de sauvetage prennent la mer dans le déchaînement de la tempête, alors qu'aucune autre embarcation n'oserait le faire parce qu'elle serait assurée d'y périr. Les canotiers de sauvetage, lorsqu'ils accostent l'épave dont les mouvements désordonnés peuvent à chaque instant les blesser ou les tuer, lorsqu'ils s'engagent parmi les récifs qui peuvent démolir le canot, dans les brisants où ils peuvent être enlevés par les lames déferlantes, sont-ils donc certains d'en sortir indemnes ? Sont-ils seulement assurés d'en revenir ? *Et ces sauveteurs sont des volontaires.* A tout appel, ils accourent ; affections, intérêts, ils oublient tout pour s'élancer, dans les conditions de temps parfois les plus terribles, au secours de leurs semblables qui sont en danger. Qui donc pourrait ne pas admirer jusqu'au fond du cœur un aussi magnifique mouvement d'humanité ?

------

(1) Des personnes bien intentionnées, mais peu versées dans les questions maritimes, ont maintes fois émis le vœu que les bâtiments de mer fussent construits de manière à être absolument insubmersibles. Dans l'état actuel de la science et sous réserve d'une découverte dont la nature est d'ailleurs imprévisible, les dispositifs qui rendraient un navire insubmersible l'alourdiraient à tel point qu'il ne pourrait être utilisé pour des fins commerciales.

CANOT À RETASSEMENT

LES CANOTS
DE LA « SOCIÉTÉ CENTRALE DE SAUVETAGE DES NAUFRAGÉS »

Les canots que la Société Centrale de Sauvetage des Naufragés a mis en service depuis sa fondation appartiennent aux types ci-après :

Canots à redressement automatique ;

Canots non redressables à grande stabilité ;

Baleinières Woolfe ;

Canots Farmer ;

Canots Henry ;

Baleinières à fond plat ;

Canots à 1 ou à 2 moteurs.

Nous nous proposons de donner une description sommaire de chacun de ces types et d'indiquer à quels besoins particuliers ils correspondent respectivement.

Canots à redressement automatique.

Quand la Société Centrale, en 1865, mit en chantiers ses premiers canots, il existait un type employé, notamment en Angleterre par la Royal National Life-Boat Institution, et, en France, par quelques Sociétés locales : c'était le canot à redressement automatique. Il était naturel de le reproduire, et c'est ce qui fut fait.

Ces canots, auxquels leurs dômes élevés aux deux extrémités donnent une physionomie particulière, ont été popularisés par de nombreux dessins, et, malgré les progrès accomplis depuis dans le sauvetage côtier, ils restent pour beaucoup de personnes le canot de sauvetage type.

Jusqu'en 1906, ils constituèrent la presque totalité de la flottille de la Société Centrale qui, aujourd'hui, en a encore trente-sept en service.

Leurs caractéristiques sont les suivantes :

Longueur...............................	10 m. 10
Largeur................................	2 m. 27
Tirant d'eau en condition de service	0 m. 55
Poids (fausse quille comprise)..............	2.700 kgr.

La quille est doublée d'une fausse quille en fer pesant 550 kilogrammes qui favorise le redressement quand le canot chaviré est en équilibre instable sur ses tambours.

L'évacuation de l'eau s'opère par six puits verticaux à soupapes. Le pont se trouvant à 10 centimètres au-dessus du niveau de la mer, l'eau s'écoule par son propre poids. Aux essais de recette, le canot est rempli d'eau au-dessus du pont jusqu'au plat-bord, les soupapes étant maintenues fermées ; puis on libère les soupapes, et on mesure la durée de l'évacuation, qui n'excède jamais vingt secondes. La disposition des soupapes de chaque côté de l'axe du canot assure l'évacuation même lorsque l'embarcation est inclinée.

Le redressement spontané est également vérifié aux essais en faisant chavirer le canot au moyen d'un palan et d'une grue. Le canot se redresse toujours instantanément.

Le canot à redressement automatique a donné pendant une très longue période de temps trop de preuves de sa valeur comme engin de sauvetage pour qu'il soit possible de les contester. Par ailleurs, les raisons pour lesquelles il se montre parfois insuffisant ont été indiquées plus haut.

Ajoutons que sa manœuvre exige un patron et des canotiers

CANOT A GRANDE SÉCURITÉ AVEC VOILURE SUR SON CHARIOT

habiles. Un équipage de fortune, embarqué rapidement dans la hâte d'une alerte en l'absence de l'équipage régulier, risquerait de ne pas prendre toutes les précautions nécessaires à la sécurité. C'est ainsi que, si le canot chavire les voiles hautes et les écoutes tournées, le redressement peut être compromis.

Aujourd'hui, au fur et à mesure des constructions nouvelles, la Société Centrale tend à limiter ce type de canots à quelques cas spéciaux, et de préférence aux stations où le canot a une barre dangereuse à franchir ; tout canot, quelle que soit sa stabilité, est alors exposé au chavirement, et c'est dans le principe du redressement qu'il trouvera le maximum de sécurité.

Canots non redressables à grande stabilité.

Le désir d'avoir des canots plus effectifs grâce à une plus forte voilure a engendré, depuis une vingtaine d'années, le développement des canots à grande stabilité, dans lesquels les tambours de redressement disparaissent et les formes générales sont modifiées et élargies. La longueur est réduite de 10 m. 10 à 9 m. 80 et la largeur portée de 2 m. 27 à 2 m. 60 ; ainsi le rapport de la longueur à la largeur, qui était de 4,4 dans le type précédent, n'est plus ici que de 3,8.

Non seulement les canots à rames et à voiles construits en grand nombre à partir de l'année 1905, mais également les canots à moteur construits ultérieurement, sont établis d'après ces principes.

Pour les canots à rames et à voiles les caractéristiques sont en général :

Longueur	9 m. 80
Largeur	2 m. 60
Tirant d'eau en condition de service	0 m. 53
Poids	2.700 kgr.

Un modèle plus réduit a été réalisé pour les stations dont les conditions locales ne permettaient pas d'admettre le modèle ordinaire. Ses caractéristiques sont :

```
Longueur .............................    8 m.
Largeur ..............................    2 m. 40
Tirant d'eau en condition de service ........    0 m. 50
Poids ................................  1.900 kgr.
```

Il arme à huit avirons au lieu de dix.

Quelques-uns de ces canots ont un dériveur central.

Un très petit nombre ont deux water-ballasts, l'un de 350 litres à l'arrière, l'autre de 100 litres à l'avant.

Baleinières Woolfe. Canots Farmer.

Nous ne mentionnons ici que pour être complets ces deux modèles dont la Société Centrale avait mis en service quelques exemplaires aujourd'hui presque tous disparus. Ils répondaient à des conditions d'emploi assez particulières dans des stations peu importantes et n'avaient qu'un rayon d'action très restreint. Ils ne comportaient aucune voilure.

Canots Henry.

Le canot Henry est caractérisé essentiellement par un lourd dériveur métallique situé dans le plan longitudinal. Ce dériveur est formé de deux lames parallèles laissant entre elles un vide qui sert de puits d'évacuation. Il est pourvu à sa partie inférieure d'un lourd bulb articulé en plomb. Mobile autour d'un axe, il peut, soit se loger à l'intérieur du canot, le bulb restant seul à l'extérieur, soit être abaissé, et alors, vu son poids considérable, il assure au canot une grande stabilité.

On a reconnu à l'usage que ce dériveur entraîne de sérieux inconvénients. En premier lieu, il se concilie difficilement avec

Baleinière à fond plat

la construction en bois, dont nous avons mis en évidence la supériorité pour les canots de sauvetage. Il alourdit considérablement le canot et le rend très mauvais marcheur à l'aviron. Il peut constituer un sérieux danger s'il n'a pas été relevé avant de rallier les petits fonds.

Quant à l'évacuation automatique de l'eau, elle est assurée sans aucun doute très rapidement quand le canot est droit ; mais dès que le canot est à la bande, elle devient insuffisante, ce qui, pour un canot conçu surtout pour naviguer à la voile, est évidemment un défaut majeur.

Le bulb en plomb, qui rompt la ligne droite de la quille, est lui-même un obstacle fort gênant pour le lancement et pour la remontée du canot sur son chariot ou sur une plage.

De 1904 à 1909, la Société Centrale a fait construire huit canots Henry, dont il ne reste plus qu'un en service à l'heure actuelle.

Baleinières à fond plat.

Ces embarcations légères ont été essayées par la Société Centrale en premier lieu sur la côte de la Camargue, où le manque de profondeur d'eau interdisait d'une façon absolue la mise en service de canots à quille. On s'inspira alors des « bettes » du pays, dont on constatait la bonne tenue à la mer et qu'il ne s'agissait que de perfectionner.

Les bons résultats obtenus encouragèrent la Société Centrale à en étendre l'emploi à un certain nombre d'autres stations où un canot à quille serait d'une utilisation trop difficile.

On avait d'ailleurs l'exemple, dans le golfe de Gascogne, des pinasses landaises, et, sur le banc de Terre-Neuve, des doris, les unes et les autres à fond plat, et qui sont usités depuis longtemps dans des mers particulièrement mauvaises et dangereuses.

Les baleinières à fond plat de la Société Centrale ont une coque en double bordé non croisé ; les deux bordés séparés par une toile imperméabilisée sont reliés par des rivets en cuivre très serrés. Le pont, également à double bordage, est traversé par dix puits d'évacuation, placés dans la partie centrale en deux rangées longitudinales parallèles, et la cale est remplie de caissons à air assurant l'insubmersibilité même après avarie de la coque.

Des panneaux munis d'une fermeture étanche démontable permettent l'aération de la cale et la visite des caissons à air.

Le fond plat est muni de deux fortes quilles latérales assurant l'assiette du canot quand il est échoué.

La légèreté de ces embarcations (leur poids ne dépasse guère 1.000 kilogrammes, soit un tiers d'un canot à quille de mêmes dimensions) permet de les traîner sur leurs chariots dans des sables mouvants où un canot plus lourd ne pourrait manquer de s'enliser. On peut aussi les conduire assez rapidement, soit par la route, soit en longeant la plage, à proximité du navire à secourir et ne s'en servir en réalité que comme embarcation de va-et-vient dans les brisants.

L'expérience a prouvé qu'elles ont une très bonne stabilité.

Elles ne sont d'ailleurs jamais pourvues de voilure.

Leurs caractéristiques sont les suivantes :

Longueur	9 m. 50
Largeur	2 m. 70
Poids .... 1.000 à	1.100 kgr.

Elles arment à dix avirons.

Très exceptionnellement, lorsqu'il était impossible de recruter un nombre suffisant de canotiers, la Société Centrale a mis en service des baleinières plus petites, ne pesant que 800 kilogrammes et armant à six avirons.

Canots à moteur auxiliaire.

Le canot à moteur auxiliaire n'est pas autre chose qu'un canot à rames et à voiles du type non redressable, à grande

Canot à 2 voiles (Saint-Servan)

stabilité, dans lequel on a échancré le pont à l'arrière pour y installer un moteur de petite puissance. La force de ce moteur vient s'ajouter aux deux moyens de propulsion déjà existants.

Le poids du canot est de 5 à 6 tonneaux, le tirant d'eau de 0 m. 70. La puissance du moteur varie de 12 à 18 CV., et la vitesse de 5 n. 5 à 6 n. 5.

La Société Centrale en a sept en service construits de 1919 à 1923.

Canots à un ou à deux moteurs.

Lorsqu'en 1910 on a envisagé la possibilité d'adapter des moteurs à essence aux canots de sauvetage sans leur enlever leurs qualités d'insubmersibilité et de stabilité, on n'avait pas encore assez de confiance dans les moteurs pour supprimer l'un des moyens de propulsion déjà existants. Afin de conserver toute garantie d'un fonctionnement certain, on construisit des canots disposant à la fois d'avirons, d'une voilure et d'un moteur.

Ces canots, construits au nombre de quatre de 1901 à 1914, ont les mêmes formes et les mêmes qualités que les canots à grande stabilité. Ils sont assez bas sur l'eau pour permettre l'emploi des avirons et sont pourvus d'une bonne voilure. Le moteur, installé le plus bas possible, est enfermé dans un capot étanche.

Ce type réalise parfaitement les conditions posées à sa construction. Muni d'un moteur de 35 CV., il donne largement la vitesse de 7 nœuds, et tout le monde est d'accord pour proclamer ses excellentes qualités.

Cependant on doit reconnaître que pour la marche à l'aviron il est lourd et exige des rameurs des efforts très considérables. D'autre part, pour la marche au moteur, il n'a pas les formes les mieux appropriées ; équipage et passagers sont fortement mouillés par grosse mer, sans aucun danger d'ailleurs, puisque l'eau embarquée évacue immédiatement par les puits. Enfin, il est assez encombré et ne laisse pas beaucoup de place disponible pour les naufragés.

Dans les années qui ont suivi la guerre, la Société Centrale est entrée plus nettement dans la voie où jusqu'alors elle ne s'était engagée qu'avec une certaine réserve. Elle a été alors amenée à faire porter ses constructions sur deux types d'embarcations à moteur :

1º La *chaloupe*, dont la première réalisation a été le *Colman* en service à l'île Molène et qui a été reproduite par la Chambre de Commerce du Havre. Cette puissante embarcation, en raison de son poids et de son prix de revient élevé, ne convient qu'à des stations d'une importance exceptionnelle.

2º Le *canot à deux moteurs* qui semble le type offrant actuellement les meilleures garanties et dont la Société Centrale a cinq exemplaires en service et trois en construction.

Leurs éléments sont les suivants :

Canots à un moteur (1).

Longueur	13 m. 26
Largeur	3 m. 51
Tirant d'eau	0 m. 91
Déplacement	12 tx. 81
Puissance du moteur	42 CV.
Vitesse	8 nœuds

Canots à deux moteurs :

Longueur	10 m. 80
Largeur	2 m. 90
Tirant d'eau	0 m. 82
Déplacement	6 tx. 450

La puissance est répartie entre deux moteurs entièrement indépendants, actionnant chacun une hélice sous voûte. La cham-

____

(1) Les plans de cette chaloupe ont été déterminés à la suite d'un concours ouvert par la Société Centrale en 1919.

Chaloupe *Coleman* (Île de Molène)

-bre des moteurs mesure 1 m. 80 de long sur 2 mètres de large et 1 m. 35 de haut ; ces dimensions permettent au mécanicien d'y descendre et de surveiller le moteur pendant la marche ; il peut même circuler entre les moteurs éloignés l'un de l'autre de 0 m. 65.

Le canot est pourvu en outre d'une forte voilure.

La construction est en bois et semblable à celle des autres embarcations, elle consiste en une très forte charpente et un double bordé croisé avec interposition d'une toile cérusée imperméable.

Le canot est ponté entre les lisses. A l'avant et à l'arrière sont ménagés deux logements qui ensemble peuvent recevoir vingt-cinq personnes : les logements sont pourvus de puits d'évacuation par lesquels l'eau s'écoule automatiquement en dix secondes.

Tous les espaces libres sont remplis par des caissons à air en bois goudronné recouverts de toile étanche.

La puissance des moteurs varie de 10 à 20 CV.

La vitesse est de 6 n. 7 à 7 n. 5 avec les deux moteurs, et de 5 n. 3 à 5 n. 5 avec un seul moteur. L'approvisionnement d'essence assure une marche d'environ vingt heures à toute puissance.

De larges panneaux à fermeture étanche permettent l'entretien des fonds de l'embarcation et en particulier des lignes d'arbres.

Des panneaux permettent la visite des hélices à la mer.

Grâce à ses deux hélices, le canot a des qualités évolutives de premier ordre qui facilitent grandement ses manœuvres.

Pour finir, il convient de mentionner le petit canot à moteur que la Société Centrale a fait construire, à titre exceptionnel, pour être embarqué sur le pont du remorqueur de sauvetage de l'embouchure de la Gironde. Ce canot n'a que 6 m. 50 de long, parce que ledit remorqueur n'aurait pas pu en admettre un plus grand. Donné par la Société Centrale de Sauvetage des Naufragés à l'*Union Française Maritime* il a été finalement placé à bord du remorqueur l'*Iroise*, attaché à la côte sud de Bretagne.

Transformation du matériel.

Un canot de sauvetage à moteur exige absolument un mécanicien ayant une bonne formation technique, condition qui sur certains points de la côte peut être quelquefois irréalisable.

Il faut aussi souligner combien l'entretien des stations à moteur est plus coûteux que celui des stations à l'aviron. Pour ces dernières, le matériel n'exige plus que des dépenses relativement faibles quand les frais de premier établissement ont pourvu la station de tout ce qui lui est nécessaire. Pour les stations à moteur, au contraire, les frais d'entretien du matériel sont très considérables et se renouvellent constamment. En outre, les sorties d'exercices doivent être beaucoup plus fréquentes ; elles doivent être au moins mensuelles. Le bon état du matériel doit aussi être vérifié par des inspections rapprochées.

Ainsi la transformation du matériel de sauvetage entraîne des dépenses considérables, hors de proportion avec celles qui figuraient antérieurement dans le budget de la Société Centrale. Il est nécessaire que l'opinion publique le comprenne, afin que les généreux concours qui nous ont toujours soutenus si efficacement se multiplient et permettent d'amener le matériel à un état de perfection digne des traditions de notre pays, digne aussi de la vaillance des sauveteurs appelés à s'en servir.

MISE EN ACTION DES CANOTS DE SAUVETAGE

Les canots de sauvetage sont logés dans des maisons-abris dans les conditions les plus favorables à leur conservation, à leur entretien, à leur mise à l'eau. Disséminées sur toutes les côtes françaises et d'un type à peu près uniforme, ces maisons-abris sont familières à toutes les personnes qui fréquentent le littoral.

Une organisation rationnelle du sauvetage met au premier rang le souci d'assurer par tous les moyens l'entrée en action rapide des canots.

A cet effet, des conventions ont été passées avec les divers services de l'Etat pour que les stations soient alertées sans délai. La Société Centrale a elle-même établi des lignes télégraphiques et téléphoniques dans plusieurs régions ; dans d'autres, elle a contribué financièrement aux installations par lesquelles le Département de la Marine a entrepris de relier ses postes-vigies au réseau général des P. T. T. Enfin, une gratification est attribuée à toute personne qui signale à nos Comités locaux un navire ou une barque en péril.

Les canots à rames et à voiles sont le plus généralement placés sur des chariots de transport, au moyen desquels ils sont conduits à la mer : à bras d'homme lorsque le trajet est court et facile, dans le cas contraire en y attelant des chevaux.

Dans toutes les stations où la chose a été possible, la Société

Centrale a construit des cales, longues parfois de plus de 100 mètres, permettant d'atteindre l'eau à toute heure de marée.

Dans certaines stations, la maison-abri est reliée directement à la mer par une glissière inclinée sur laquelle repose le canot de sauvetage. Le chariot est alors supprimé. Ce système réalise le maximum de rapidité de lancement.

Pour les canots à moteur, il ne saurait être question de chariot de transport. Une cale ou une glissière pourvue de rails est indispensable, et le canot est manœuvré au moyen d'un treuil.

Dans les ports où la construction d'une cale n'aurait pas été admise, tels que Calais, Boulogne, etc., la Société Centrale a établi une grue à l'aplomb de laquelle le canot est conduit par un chariot roulant sur une voie ferrée, pour être ensuite descendu à la mer.

Enfin, à Marseille, une autre solution a été adoptée. Le canot à moteur est logé dans un dock flottant, sur une plate-forme mobile. Dans la position de repos, le canot est à sec. Pour le mettre à l'eau, la plate-forme est abaissée de la quantité nécessaire. Le dock lui-même est mouillé sur deux ancres.

LANCEMENT D'UN CANOT SUR CHARIOT (ERQUY)

LANCEMENT D'UN CANOT À MOTEUR SUR GLISSIÈRE (DUNKERQUE)

Le canot *Coleman* sur sa cale de lancement (île de Molène)

Canot de sauvetage sur son chariot. — Calais.

CONGRÈS INTERNATIONAL DE SAUVETAGE DE LONDRES

(Juillet 1924)

CONGRÈS INTERNATIONAL DE SAUVETAGE
DE LONDRES (Juillet 1924)

———

En même temps qu'était célébré le centenaire de la « Royal National Life Boat Institution », a été tenu à Londres, au commencement de juillet 1924, un Congrès international de Sauvetage maritime côtier. Tant par le nombre des pays représentés que par la qualité des spécialistes qui y prirent part, ce Congrès a été le plus important qui ait eu lieu jusqu'à ce jour dans ce domaine.

Notre étude sur les canots de sauvetage trouvera son meilleur complément dans la reproduction des séances du Congrès de Londres. Nous la donnons *in extenso* ci-après, exception faite des questions qui, ne concernant pas la France, seraient d'un moindre intérêt pour le lecteur.

———

MEMBRES DU CONGRÈS

Président : Sir GODFREY BARING, Président du Comité de Direction de la R. N. L. I.

Vice-Président : M. George COLVILLE, Vice-Président du Comité de Direction de la R. N. L. I.

MEMBRES

Grande-Bretagne (1).

MM.

Le Major Sir Maurice CAMERON,
Sir John G. CUMMING,
Le Capitaine Sir HERBERT ACTON BLAKE,
Le Brigadier-Général NOEL M. LAKE,
Le Contre-amiral Mécanicien Charles RUDD,
Le Capitaine de Frégate F. F. TOWER,
J. J. CROSFIELD,
John F. LAMB,
Henry R. FARGUS,
    Membres du Comité de Direction de la R. N. L. I.

(1) Les noms de ces pays sont classés dans l'ordre d'établissement de leurs services de sauvetage des naufragés.

MM.

George SHEE, Secrétaire de la R. N. L. I.

Capitaine de vaisseau H. F. J. ROWLEY, Inspecteur en Chef de la R. N. L. I.

Capitaine de vaisseau Thomas HOLMES, ancien Inspecteur en Chef de la R. N. L. I.

J. R. BARNETT, Ingénieur naval Conseil de la R. N. L. I.

Félix RUBIE, Contrôleur des canots de la R. N. L. I.

Arthur F. EVANS, Ingénieur mécanicien.

Capitaine de frégate E. D. DRURY,

Capitaine de vaisseau HAROLD G. INNES,

Capitaine de vaisseau E. S. CARVER,

Lieutenant de vaisseau S. W. HAYES,
Inspecteurs régionaux de la R. N. L. I.

Capitaine de vaisseau H. F. APLIN, Inspecteur général adjoint de la Coast Guard.

Capitaine de vaisseau RINDLE, Inspecteur à la Direction de la Coast Guard.

(Ces deux officiers représentaient le Ministre du Commerce).

Hollande.

Noord-en-Zuid Hollandsche Redding-Maatschappij.
(Société de Sauvetage des Naufragés de Nord et Sud-Hollande).

MM.

P. E. TEGELBERG, Président.

H. DE BOOY, Secrétaire.

Capitaine de vaisseau D. H. DOEKSEN.

Zuid-Hollandsche Maatschappij tot Redding van Schipbreuklingen.
(Société de Sauvetage des Naufragés de Sud-Hollande).

MM.

Baron SWEERTS DE LANDAS WYBORGH, Vice-Président.

C. D. JULIUS, Secrétaire.

Etats-Unis d'Amérique.
United States Coast Guards.
(Coast Guard des Etats-Unis d'Amérique).

Capitaine de frégate Harold D. Hinckley.

Danemark.
The Royal Danish Government.
(Gouvernement Royal Danois).

Capitaine de vaisseau Jorgen Frederich Saxild, *Ministère de la Marine.*

Norvège.
Norsk Selskab til Skibbrudnes Redning.
(Société Norvégienne de Sauvetage des Naufragés).

Capitaine de vaisseau Klaus Reimers.
Capitaine de vaisseau Ottar Vogt, Secrétaire.

Suède.
The Royal Swedish Government.
(Gouvernement Royal Suédois).
MM.
Edvard Lithander, Membre du Riksdag, Vice-Président de la Société suédoise de Sauvetage des Naufragés.
Albert Isakson, Président du Comité des canots de sauvetage de la Ligue navale suédoise.

Svënska Sällskapet för Räddning af Skeppsbrutne.
(Société suédoise de Sauvetage des Naufragés).

Capitaine de frégate Otto Stenberg, Président.
Capitaine de vaisseau Sten Isberg, Secrétaire.

France.
(Société Centrale de Sauvetage des Naufragés).

MM.

Vice-Amiral LE BRIS, Membre du Comité de Direction.
GRANJON DE LEPINEY, Administrateur-délégué.
Commandant LE VERGER, Chef du service de l'Inspection.

Espagne.
Sociedad Espanola de Salvamento de Naufragos.
(Société Espagnole de Sauvetage des Naufragés).

MM.

Vice-Amiral MARQUES DE CASINAS.
Capitaine de vaisseau Félix BASTARRECHE.

Japon.
Teikoku Suinan Kinsaikai.
(Société Impériale Japonaise de canots de Sauvetage).

M. le Comte Kozo YOSHII, Président.

CANOTS A REDRESSEMENT AUTOMATIQUE
ET CANOTS NON REDRESSABLES

Communication de M. J. R. Barnett, ingénieur naval
conseil de la Royal National Life Boat Institution

C'est après une longue expérience que le canot de sauvetage
à redressement tel que nous le connaissons aujourd'hui a été réalisé. Le fait même de son évolution accomplie sous l'empire de
la nécessité est un gage certain qu'il ne sera pas abandonné de
sitôt ; mais, comme tout autre type de navire, il a son rôle
propre — et on doit reconnaître que le canot de sauvetage à
redressement a été parfois employé dans des cas où il n'était
pas le type le plus convenable. Avec le temps, les limites de son
emploi ont été reconnues, particulièrement depuis que la
taille des canots de sauvetage tend à s'accroître.

Un canot de sauvetage à redressement est essentiellement
un canot pour des eaux peu profondes, et le principe du redressement ne doit être utilisé que sur des canots comparativement
légers et petits. En fait, le canot de sauvetage à redressement a
été conçu simplement parce que, dans certains parages, il est
impossible d'utiliser des canots de sauvetage construits pour
des eaux profondes. Aussi, tant que l'on aura besoin de canots
de sauvetage dans des eaux peu profondes, on peut s'attendre
à voir survivre le type à redressement.

Les vagues d'eaux profondes, quand elles atteignent les
petits fonds, comme il y en a beaucoup sur les côtes de ce pays,
deviennent des vagues de translation, — c'est-à-dire que l'eau y

est réellement en mouvement, — ce qui n'est pas le cas pour les véritables vagues en eau profonde où pratiquement c'est la forme seule de la vague qui se meut. Un petit canot pris par une de ces grandes vagues de rivage peut parfaitement être chaviré, soit par le travers, soit cul par dessus tête. Ce n'est pas du tout un cas de stabilité ordinaire. Des désastres de cette nature sont arrivés sur nos côtes, et c'est ce qui a rendu nécessaire le canot de sauvetage à redressement. Si un canot est exposé à être chaviré de cette façon, il y a avantage à lui donner la capacité de se redresser automatiquement.

Mais là où on a de l'eau profonde pour lancer et en même temps absence de bas-fonds dans les parages, le cas est différent. On peut alors adopter un canot plus large, ayant plus de pied dans l'eau, avec un pont plus élevé ; et un bateau de ce genre peut avoir un grand déplacement et être pourvu d'une quille lourde. Un canot de ce type sera en général plus grand qu'un canot à redressement et il aura une très grande stabilité. L'expérience montre que de tels canots sont très sûrs, qu'on peut avoir toute confiance en eux, et, partout où l'eau est suffisamment profonde, ils sont supérieurs aux canots à redressement.

DISCUSSION

M. H. DE BOOY (*N. et S. Hollande*). — M. BARNETT dit : « un canot de sauvetage à redressement est essentiellement un canot d'eau peu profonde, et le principe du redressement doit être limité à des canots relativement petits et légers. En fait, le canot à redressement a été conçu simplement parce que des canots pour eau profonde sont impossibles dans certains parages, et, tant que des canots de sauvetage seront demandés sur des côtes où l'eau est peu profonde, on doit s'attendre à voir survivre le type à redressement ». Je ne comprends pas cette idée. Je ne vois pas pourquoi un canot à redressement serait essentiellement un canot d'eau peu profonde. Est-ce parce que la réalisation du principe du redressement entraîne l'abandon de certaines qualités ? Je serais heureux d'en entendre davantage sur ce sujet.

Capitaine JORGEN FREDERICK SAXILD (*Danemark*). — Je serais très heureux de savoir si d'autres nations que l'Angleterre et la Hollande utilisent les canots à redressement.

Au Danemark, nous avons commencé par les utiliser, il y a soixante-quinze ans. Nous en avons construit trois, mais les hommes ne voulaient pas sortir avec. Après les avoir eus en service deux ou trois ans, nous les avons éliminés. Il est possible que l'objection contre ce genre de canots tienne à ce que leur manœuvre à toucher des épaves soit rendue plus difficile par les avants et les arrières surélevés. Je ne sais s'il en est ainsi, mais je serais heureux d'entendre les délégués des autres pays dire leur mot à ce sujet.

Il y a un autre point qui intéresse beaucoup un vieux navigateur comme moi. M. BARNETT signale qu'un petit canot a été renversé bout pour bout, je n'ai jamais entendu parler d'un tel événement. J'ai questionné beaucoup de personnes, aucune n'avait ouï dire rien de semblable. Je me demande si aucun délégué a eu connaissance d'un accident de ce genre.

Commandant LE VERGER (*France*). — Je m'intéresse très vivement à tout ce qui touche les avantages et les inconvénients des canots à redressement. En France, après une longue expérience, nous nous sommes décidés à abandonner le principe du redressement, excepté quand les canots ont à franchir une barre.

M. OTTAR VOGT (*Norvège*). — Nous avons fait un exercice avec un canot à redressement, il a chaviré, et depuis nous ne nous sommes plus servis de ce type.

Commandant HAROLD D. HINCKLEY (*Etats-Unis*). — En réponse à la question du Capitaine SAXILD, je dirai qu'aux

Etats-Unis nous utilisons le principe du redressement et sur les canots à moteur et sur les canots à rames, et jusqu'à présent nous en avons été très satisfaits. Dans nos exercices hebdomadaires, nous faisons chavirer le canot. J'ai passé près de vingt-huit ans dans le service du Coast Guard, le principe du redressement y est appliqué depuis plus de vingt ans. Je n'ai jamais entendu parler d'un accident ou d'une plainte contre le principe. Nous le considérons comme de grande valeur.

M. H. DE BOOY (*Hollande*). — Je voudrais ajouter ceci à mes remarques : en Hollande, le canot à redressement n'est pas essentiellement un canot pour eaux peu profondes. C'est aussi un canot d'eau profonde. Cela dépend d'ailleurs de ce qu'on entend par eau profonde et eau peu profonde. Je suis intimement persuadé que chez nous, sur la plus grande partie de la côte de Hollande, un canot de plage (surf boat) ne peut pas être à redressement, parce que la réalisation du principe de redressement s'obtient en mettant une lourde quille sous le canot et des caissons très élevés aux extrêmités. Cette quille rend le canot si lourd qu'on ne peut le transporter le long de la côte. Aussi n'utilisons-nous nos canots à redressement que lorqu'ils sont placés dans des ports et non lorsqu'ils doivent être lancés en pleine côte.

M. J. B. BARNETT. — Je suis très heureux que mon mémoire ait entraîné une discussion aussi large. Qu'il me soit permis pour terminer de répondre aux diverses critiques.

Je suis très satisfait d'apprendre que les Etats-Unis accordent une grande valeur au type à redressement. Nous le trouvons très utile en plusieurs points de nos côtes, et je suis sûr qu'on continuera de l'employer en ces points. Bien entendu, l'expérience et nos idées personnelles déterminent notre opinion. Il est également instructif de savoir qu'en France la Société Centrale de Sauvetage des Naufragés veut abandonner le principe du redressement.

Dans notre pays, nous avons eu l'expérience d'un canot

retourné bout pour bout, en passant la barre à Salcombe, et un désastre similaire a eu lieu à Padstow. Avec des mers comme nous en avons le long de nos côtes, l'éventualité d'un tel événement doit être admise. Il faut une très grande habileté de manœuvre pour éviter d'être retourné, particulièrement quand on court pour faire côte. Les côtes de Hollande sont, je l'entends bien, différentes des nôtres, mais je vois maintenant pourquoi on y utilise des canots à redressement plus grands que les nôtres ; c'est que ces canots sont placés dans des ports et qu'on ne les lance pas dans des parties plates de la côte. C'est un point très intéressant.

28 tonnes, poids du canot mentionné par M. DE BOOY, c'est très lourd. Si un canot de ce poids était violemment retourné dans une eau peu profonde, il est probable qu'il heurterait le fond et ce serait un désastre.

Dans les mers où l'eau est profonde, vous n'avez pas besoin de canot à redressement. Ce qu'un canot à redressement peut faire à la mer est étonnant, mais ses tambours élevés présentent indubitablement de gros inconvénients.

J'ai vu les dangers résultant d'une avarie aux tambours des extrémités survenue en eau peu profonde. Hier, nous avons vu dans nos docks un de ces canots avec un trou par enfoncement dans un de ses tambours. Si le canot chavire avec une avarie semblable, c'est un désastre. J'ai l'impression que les marins, en général, n'aiment pas autant un canot à redressement qu'un canot non redressable.

Je parle tout à fait à cœur ouvert, il y a deux principes que je garde devant les yeux. Le premier est que le canot à redressement est inévitablement plus exposé à chavirer : c'est un inconvénient. Le second principe, que je n'oublie jamais, est qu'il est préférable de ne pas laisser un canot chavirer si on peut l'empêcher, et je tiens qu'en eau profonde vous pouvez le faire, puisque certains types n'ont jamais été chavirés.

CANOTS A VOILES ET CANOTS A MOTEUR

Communication de M. F. Rubie,
Controleur de la Construction des Canots
de la Royal National Life Boat Institution

On ne peut pas construire un canot sans tenir compte du travail qu'il aura à accomplir, car il est incapable de s'adapter lui-même à son milieu comme un animal. Et là réside la faute que l'on commettrait en adoptant un type étalon unique et rigide, tel que ceux employés pour les chaussures et les vêtements tout faits.

On a donc été conduit à des types nombreux de canots de sauvetage, soit à voiles, soit à moteur, soit à la fois à voiles et à moteur, destinés à satisfaire aux différentes conditions du service.

Il existe bien des genres divers de côtes autour des Iles Britanniques : des côtes plates sablonneuses, ou des côtes de sable, ou de sable et galets, avec des bas-fonds à quelque distance en mer. Il y a aussi des rivages de galets accores comme à North Deal, avec les Goodwin Sands très au large ; des côtes rocheuses avec de l'eau profonde, des côtes de sable plates avec de larges bancs de sable comme dans le Norfolk et Suffolk, et beaucoup d'autres variétés.

En conséquence, on a établi un grand nombre de types et de dimensions pour les canots de sauvetage ; mais, en règle générale, nos canots ont à opérer dans des eaux peu profondes, leurs services ne sont en fait demandés que lorsque le navire en détresse a touché le fond et ordinairement y est resté échoué.

Les types principaux, en Grande-Bretagne et en Irlande, sont les suivants, bien que de temps à autre un certain nombre d'autres types aient été construits :

1º Type à redressement ; 2º type Watson ; 3º type Liverpool ; 4º type Norfolk et Suffolk ; 5º canot de sauvetage à vapeur ; 6º grand canot de sauvetage à moteur.

Le *type à redressement* est généralement un canot petit et légèrement construit pour être manié à l'aviron et à la voile, et parfois à l'aviron seul. De multiples problèmes très intéressants se posent pour ces canots au sujet de la stabilité, l'intégrateur Amsler en rend la solution aisée. Avec l'augmentation des dimensions, l'intérêt de cette propriété du redressement diminue, et on peut dire qu'il varie inversement avec le cube de la dimension, ou simplement le déplacement.

Le *type Watson* a été spécialement créé pour des stations où de grandes distances sont à parcourir, mais, étant donné son poids, il n'est pas susceptible d'être lancé d'un chariot. Ce canot est relativement d'un déplacement plus considérable que le canot à redressement.

Le *type Liverpool* est analogue au *Watson*, mais il a un déplacement plus faible, un peu moins de largeur, et il est prévu pour être lancé d'un chariot ; son tirant d'eau est moindre.

Le *type Norfolk et Suffolk* est un bateau ponté très plat, ayant un tirant d'eau très faible et une très grande largeur, il est prévu pour être lancé d'une plage. Différents systèmes sont employés pour le mettre à la mer : couettes glissières ou à rouleaux, aussière de déhalage, perche pour le pousser, etc.. Quelques-uns de ces canots ont jusqu'à 13 m. 80 de long avec une largeur de 3 m. 92.

Les *canots de sauvetage à vapeur* et les *grands canots de sauvetage à moteur* peuvent être classés dans une même série ; ce sont des canots avec un pont élevé de plusieurs pieds au-dessus du niveau de la mer ; en fait, ce sont de véritables navires en miniature divisés en un grand nombre de compartiments étanches. Ce type de canot nous est tellement familier que je ne m'attarderai pas à le décrire.

Revenons au canot de sauvetage à voiles et à rames. Les conditions à remplir conduisent fréquemment à un accroissement de taille, et elles rendent nécessaire l'adoption d'un mode de propulsion plus puissant que les avirons. La force d'un équipage de douze hommes peut grossièrement être estimée entre deux et trois CV. (il faut quatre à six hommes nageant aux avirons pour produire un CV.) Cette force est manifestement insuffisante pour conduire un canot de dimensions raisonnables à une vitesse satisfaisante, bien que l'aviron soit un moteur d'un très bon rendement où il y a action directe et pratiquement pas de frottement.

Ceci est une des considérations qui ont conduit à l'introduction du canot de sauvetage à voiles. Avec une bonne brise fraîche, on peut obtenir des voiles une force de 50 CV. quand le canot est grand largue, et réaliser ainsi parfois une vitesse presque inespérée, mais la direction du vent est dans l'espèce une question capitale.

Le canot de sauvetage à voiles s'est développé autant que l'a permis la limite apportée par la profondeur de l'eau dans laquelle il a à travailler ; car, bien qu'un canot puisse être rendu plus stable et tenant mieux le vent par l'emploi de hautes quilles minces munies d'un lourd bulb de plomb, ces dernières ne peuvent en aucune façon être employées dans les petits fonds.

Les canots de sauvetage à moteur sont généralement de construction analogue à celle des canots de sauvetage à voiles, mais ils sont munis d'un tunnel dans lequel l'hélice travaille, et qui est destiné à la protéger des épaves et aussi à l'empêcher de s'affoler en sortant de l'eau.

Les derniers types de canots à moteur sont pontés devant et derrière et munis d'une ou deux cabines.

L'avenir est aux canots de sauvetage à moteur, et bien qu'on puisse penser qu'aujourd'hui le dernier mot a été dit en ce qui concerne les plans et la construction, je me permets de suggérer que le canot de sauvetage à propulsion mécanique est susceptible de recevoir de nombreux perfectionnements que les leçons de l'expérience pourront inspirer ou qui auront pour but de satisfaire à des conditions qui ne sont pas encore prévues pour le moment.

Il est déjà intéressant de constater que tous les desiderata peuvent être satisfaits en ce qui concerne la partie mécanique. On peut augmenter la vitesse si on le désire, et on peut aussi faire bien d'autres choses. La vraie difficulté est moins de réaliser ce qui est demandé que de déterminer dans les différentes circonstances ce qui est exactement désirable, en d'autres termes quelles sont les qualités qu'il importe le plus d'obtenir.

DISCUSSION

M. J. R. BARNETT (*Grande-Bretagne*). — Je suis certain que les délégués s'intéressent à la communication de M. RUBIE. Il l'a faite d'une façon toute indépendante, et elle traite de ce dont j'ai parlé dans la mienne. Je suis réellement très désireux d'entendre ce que les délégués ont à dire, je suis sûr qu'ils ont leur opinion personnelle. Nous ne demandons qu'à apprendre et qu'à échanger les résultats de notre expérience.

Capitaine SAXILD (*Danemark*). — Je suis très étonné d'apprendre qu'un équipage de douze rameurs ne produit qu'une force de deux à trois chevaux-vapeur. Cette information provoquera un grand découragement chez nos marins, puisque dans notre pays nous n'avons que des canots à rames munis de moteurs auxiliaires. Les moteurs sont de 12 CV. et nos marins trouvent que cette force est insuffisante. Je pense que la plupart des services de canots de sauvetage constateront que, lorsqu'on met un moteur auxiliaire dans un canot, les

hommes le trouvent toujours trop faible. Quand vous mettrez
20 CV., ils en demanderont 40. Je pense qu'un moteur de
12 CV. fournit une aide très satisfaisante à l'équipage,
notamment puisque celui-ci ne produit qu'une force de 2 à
3 CV. Je demanderai à M. DE BOOY s'il pense qu'un moteur
auxiliaire est suffisant, ou s'il ne vaudrait pas mieux avoir un
moteur plus puissant, par exemple 25 CV. Bien entendu, le
prix du canot en deviendrait très élevé, le canot serait aussi plus
lourd et ne présenterait plus les avantages qu'il présente aujour-
d'hui.

M. Albert ISAKSON (*Suède*). — J'ai été très impressionné
hier, quand, à bord du nouveau canot anglais à moteur *William and Kate Johnston* (60 pieds), j'ai appris que cette embarcation avait marché quinze heures avec son compartiment de
la machine fermé, et personne dedans. C'est un facteur nouveau
et des plus importants dans la construction des canots de sauvetage, et nous devons hautement féliciter la R. N. L. I. de nous
avoir montré qu'il est possible d'avoir une chambre des machines entièrement close : c'est aujourd'hui un fait établi, prouvé
par le nouveau canot.

En ce qui concerne les avantages respectifs du moteur auxiliaire ou du moteur puissant, je dirai qu'en Suède, lors de nos
débuts, nous n'avions que de faibles ressources, et que nous avons
dû nous contenter de canots ordinaires à rames et à voiles avec
un dériveur. Nous avons armé six stations avec ces canots ;
mais, comme en Angleterre, nos ressources ont grandi, et maintenant nous aussi appliquons nos efforts à la construction de canots
munis de moteurs puissants. Nous n'avons qu'un seul canot
pourvu d'un petit moteur auxiliaire, mais ce fait est dû à
des circonstances purement locales. Je ne pense pas que nous
devions adopter le plan danois de mettre des moteurs de 12 CV.
dans les canots. Nous marchons vers le moteur puissant, soutenu
par une forte voilure. Notre dernier canot a un moteur Skandia,
qui donne jusqu'à 90 CV., et, par beau temps, le canot peut

atteindre 10 nœuds. C'est tout à fait suffisant. C'est un des canots qui patrouillent sur la côte pendant les mauvais temps et pendant l'hiver. Quand il est en patrouille, sa voilure lui permet de marcher économiquement et de ne se servir du moteur que lorsqu'il est nécessaire. Je crois fermement aux canots à moteur puissant, munis en même temps d'une forte voilure.

M. H. DE BOOY (*Hollande*). — Le Capitaine SAXILD m'a posé une question au sujet du canot que nous avons acheté au Gouvernement danois et qui a un moteur auxiliaire. Il est du même type que celui mouillé dans la Tamise. Mon opinion est que c'est un très beau canot et bien adapté au service qu'il a à faire. Mais pour le mettre en œuvre, nous devons compter avec l'élément humain. Au début, son équipage n'avait que des louanges à exprimer. Il trouvait fort agréable d'avoir un moteur auxiliaire. Mais, plus tard, il n'en fut plus aussi satisfait ; il trouva que le moteur n'était pas assez fort. Au début, il nous disait : « Nous ne pouvons pas nous servir de ces avirons danois. » On leur en donna d'autres, et maintenant ils disent : « On ne peut pas nager dans ce canot ; pourquoi n'a-t-on pas mis dedans un moteur suffisant pour le faire marcher ? » Les marins s'expriment toujours très violemment. Et ils changent si promptement d'avis. Au début, un canot est en tout parfait ; quelque temps après, il ne vaut plus rien, et il est très difficile de les faire revenir sur leur opinion. Aujourd'hui, ils disent que le moteur n'est pas assez fort, mais on n'a pas eu l'occasion d'essayer le canot dans des circonstances très dures. J'ai l'intention de le faire en septembre ou octobre, pendant trois jours consécutifs et par mauvais temps, de façon à convaincre les hommes que le canot est excellent, mais je ne sais pas si je réussirai.

M. EDVARD LITHANDER (*Suède*). — En ce qui concerne la

construction, je serais heureux d'avoir l'opinion d'experts sur les essais comparatifs d'hélices et de turbines à eau comme moyen de propulsion.

Est-il absolument nécessaire d'avoir des hélices ? Personnellement, je crois préférable d'employer la turbine à eau qui ne blessera jamais personne, mais ceux qui ont étudié la question peuvent être de l'avis contraire, et il sera intéressant d'écouter le verdict de l'expérience.

Baron SWEERTS DE LANDAS WYBORGH (*Hollande*). — A ma connaissance, notre Société, la Société de Sauvetage des Naufragés de Sud-Hollande, est aujourd'hui la seule utilisant des canots de sauvetage à vapeur sans hélice, mus par des turbines à eau.

Il y a vingt-sept ans, vous, Anglais, avez construit un canot de sauvetage à vapeur le *Duke of Northumberland*. Nous vous avons demandé et vous nous avez donné avec la plus grande cordialité les plans de détail de cette embarcation. Nous avons, en conséquence, demandé un canot analogue chez Thornycroft. Ce canot nommé le *President Van Heel* est encore en service. Le dernier canot de ce type que nous avons construit est le *Prins der Néderlanden*, en ce moment mouillé dans la Tamise. Ces canots, qui ont un très faible tirant d'eau, se sont montrés très utiles sur nos côtes. Nos hommes les préfèrent aux canots à moteur, et, en ce qui concerne la construction et l'entretien, ils ne sont pas aussi coûteux. Chacun d'eux a sept hommes d'équipage. Nous avons grande confiance en ces canots et ils ont sauvé des centaines d'existences.

M. J. R. BARNETT (*Angleterre*). — La propulsion par turbine à eau ou la propulsion par jet d'eau est une vieille méthode. Elle n'est, de beaucoup, pas aussi efficace que la propulsion par hélice. Nous l'avons étudiée de très près, parce que nous croyions qu'elle présentait certains avantages, mais nous avons été obligés

de l'abandonner et d'adopter la propulsion par hélice à cause
des ennuis de multiple nature que nous avons éprouvés. Des
aussières ont été sucées et nous avons eu des ennuis à l'aspiration d'eau. Je crois que nos amis les Français ont assez récemment essayé la propulsion par turbine et qu'ils ont été contraints
de l'abandonner. Je serais heureux d'entendre ce qu'ils ont à
dire à ce sujet. Nous croyions l'hélice dangereuse, mais en
l'adoptant nous avons décidé de la mettre dans une voûte.
Sans aucun doute cela valait la dépense, et aujourd'hui la
voûte est considérée comme essentielle.

Les canots à vapeur ont fait un bon service dans notre pays,
mais nous y avons renoncé en faveur des canots à moteur. Une
objection grave se pose contre l'emploi des canots à vapeur : il
ne doit pas y avoir d'hommes enfermés dans les compartiments
étanches d'un canot de sauvetage; or, dans les canots à vapeur,
il y avait deux hommes dans le compartiment de la machine et
deux dans la chaufferie.

J'ai ici une note relative à la propulsion par turbine. La turbine a donné, dans les canots à vapeur, un demi-nœud de moins
que l'hélice en tunnel ; cependant, si la turbine avait donné satisfaction aux autres points de vue, nous aurions été disposés à
l'accepter malgré cette réduction de vitesse.

Commandant LE VERGER (*France*). — Nous avons fait des
expériences de propulsion par turbine et nous sommes arrivés
aux mêmes conclusions que M. BARNETT. Nous avons été conduits à adopter deux hélices dans une double voûte.

Capitaine ROWLEY (*Grande-Bretagne*). — A la R. N. L. I.,
la perte de vitesse a été la raison principale qui a fait
renoncer à la propulsion par turbine. Je ne me rappelle pas que
le *Duke of Northumberland* ait jamais sucé des cordages
mais mon expérience personnelle m'a démontré que la perte
de vitesse constituait la grosse objection. Etant au large d'Holy-

head par coup de vent et marchant avec la propulsion par turbine à eau, on se rendait compte du premier coup qu'on n'avait
pas la même puissance que celle donnée par l'hélice. Je le dis
avec une entière déférence pour la Société de Sud-Hollande, qui,
je le sais, est satisfaite de la propulsion par turbine à eau.

Commandant THOMAS HOLMES (*Grande-Bretagne*). — Je voudrais dire un mot du défaut de vitesse des premiers canots à
vapeur propulsés au moyen d'une turbine. Quand j'entrai à la
R. N. L. I., le *Duke of Northumberland* avait deux ans. Il n'é-
tait sur la côte que comme canot d'expérience, et je me rappelle
qu'on le considérait partout comme une curiosité. Je suis sorti
bien souvent avec lui et je ne crois pas me tromper en disant
que sa vitesse maximum ne dépassait certainement pas 7 nœuds.
Je me souviens que le deuxième canot mû par une turbine fut en-
voyé à Gorleston, où, par forte tempête de nord-ouest, le courant
de flot est d'une violence formidable. C'est dans ces conditions
que le canot fut lancé ; il sortit, mais au lieu de gagner dans
le vent, l'équipage constata qu'il revenait à Lowestoft, dans
la mauvaise direction, l'arrière le premier. Je me rappelle parfaitement le fait. L'équipage était composé d'excellents canotiers ; tout provenait du manque de vitesse, et ce fut la principale raison qui nous fit adopter la propulsion par hélice. Je ne
peux pas me rappeler de rapport sérieux parlant de cordages sucés
à l'aspiration ; s'il y en a eu, c'est bien peu.

Commandant DRURY (*Grande-Bretagne*). — Je partage entièrement l'avis de l'Inspecteur en chef et de son prédécesseur en
ce qui concerne la propulsion par turbine à eau.

J'en ai fait l'expérience pendant deux ans ; je dois dire que,
sans aucun doute, la perte de vitesse est considérable. Je n'ai
jamais entendu parler de cas d'obstruction par succion.

En ce qui concerne l'hélice sous voûte, voilà seize ans que
je suis à la R. N. L. I., en somme depuis le premier canot à moteur ;

je n'ai eu connaissance que d'un seul engagement d'hélice et
ce fut par un casier à homards. Encore a-t-on dans ces circonstances ou dans d'autres analogues le grand avantage de pouvoir
accéder au propulseur. Je suis très nettement favorable au système d'hélices sous voûtes sur tous les canots à moteur.

MOTEURS AUXILIAIRES ET MOTEURS PUISSANTS
DANS LES CANOTS DE SAUVETAGE

COMMUNICATION DU CAPITAINE ROWLEY,
INSPECTEUR EN CHEF
DES CANOTS DE LA ROYAL NATIONAL LIFE BOAT INSTITUTION

Ce sujet peut avantageusement être divisé en cinq parties :

a) Canots de sauvetage à voiles avec moteur auxiliaire ;

b) Canots de sauvetage à moteur avec voilure auxiliaire ;

c) Canots de sauvetage avec forte voilure et moteur puissant ;

d) Canots de sauvetage à moteur puissant avec une seule hélice ;

e) Canots de sauvetage à moteur puissant avec deux hélices.

Je pense qu'il est évident à tout marin en relations avec le service des canots de sauvetage de n'importe quel pays du monde, que nous sommes encore bien loin de pouvoir justifier une confiance absolue dans les canots de sauvetage à moteur munis de voiles auxiliaires, et les conclusions auxquelles nous sommes arrivés en 1903, quand la Royal National Life Boat Institution a commencé les premières expériences avec les canots de sauvetage à moteur, n'ont été modifiées en aucune façon en ce qui concerne les canots à moteur à une seule hélice. Ces conclusions étaient que le véritable rôle du moteur consistait en une aide pour les voiles ; ainsi se justifie pleinement l'expression « canots de sauvetage à voiles avec moteur auxiliaire ». En théorie, nous maintenons toujours ce point de vue comme indiscutable, bien que, en pratique, après vingt ans d'études, nous ayons abouti au « canot de sauvetage avec forte voilure et moteur puissant ». Cette dernière conception peut, à mon avis, être considérée comme le but idéal, spécialement dans les cas où une double hélice ne peut être adoptée ou ne trouve pas de faveur aux yeux des experts. Je considère comme indiscutable que, là où vous pourrez avoir une confiance entière dans votre forte voilure et une confiance raisonnable dans votre moteur mécanique, le canotier de sauvetage est aussi largement protégé qu'il peut l'être contre les accidents éventuels.

Si nous passons au canot de sauvetage à moteur puissant à une seule hélice, il semble qu'on ne puisse trouver aucun argument pour justifier une confiance complète dans un canot muni d'une seule machine et sans moyen de propulsion par les voiles en cas d'avarie de la machine. A mon avis, dans un service de canot de sauvetage, le risque est alors beaucoup trop grand ; une discussion complète pourra s'engager à ce sujet, je la demande.

Mon dernier paragraphe, — et ici encore je voudrais une discussion complète — traite des canots de sauvetage à moteurs puissants à deux hélices. N'est-ce pas là l'idéal ? Cependant je suis porté à croire qu'il y aura sur ce sujet une sérieuse divergence de vues quand on en discutera. Permettez-moi d'exprimer mes propres vues en peu de mots :

Sur des canots de grandes dimensions qui ont une taille et un poids suffisants pour résister à la plus grande violence d'une mer très grosse et spécialement dans le cas où l'on doit fuir devant le temps (en supposant toujours que le canot est construit suivant le principe du tunnel, condition que je considère comme essentielle), alors je n'ai aucune hésitation à me prononcer en faveur des deux hélices, étant entendu naturellement qu'il n'y a pas d'autres objections concernant le poids, l'espace et le double tunnel.

Pour les canots plus petits, j'ai le sentiment que les objections contre les deux hélices prennent beaucoup plus d'importance : 1º Dans le cas de canots qui doivent aller sur chariot, l'objection du *poids* est particulièrement sérieuse en raison des difficultés de lancement et des difficultés créées par un trop grand tirant d'eau ; 2° *l'espace* est très limité ; 3° quant au *double tunnel*, j'ai le sentiment qu'il offre un danger particulier sur un petit canot quand ce canot est pris par une grosse mer de l'arrière ou de la hanche ; la surface présentée à la lame peut tendre alors à projeter l'arrière du canot très violemment vers le haut, d'où résulterait la possibilité que le canot soit chaviré ou engagé ou même jeté cul par dessus tête.

DISCUSSION

Capitaine HAROLD G. INNES (*Grande-Bretagne*). — Maintenant que vous avez entendu ce qu'a dit notre Inspecteur en chef, je voudrais attirer votre attention sur une particularité qui m'a toujours intéressé, et que je n'ai jamais pu parfaitement saisir. Nous avons une quantité de petits canots de sauvetage à voiles et à rames le long de nos côtes, et nous n'avons jamais essayé de leur donner un petit moteur auxiliaire. On m'a dit qu'il y avait à cela des objections de construction. Je ne peux pas les comprendre. Sur la côte, dans la plupart des ports de pêche, au moins 60 p. 100 des petits bateaux de pêche sont des canots à moteur ; on y met un petit moteur, un moteur Kelvin ou n'importe quel autre, et ils marchent parfaitement. Les pêcheurs n'ont que bien peu d'ennuis du fait de ces moteurs et ils obtiennent la vitesse qu'ils désirent. L'expérience que j'ai du service des petits canots de sauvetage à voiles et à rames m'a montré qu'ils avaient la plus grande difficulté à se trouver en temps voulu sur les lieux. Je pense que nous ferions bien de faire un essai sur un de ces canots, un vieux bien entendu, en y mettant un moteur auxiliaire. On peut mettre ce moteur dans un compartiment étanche, parfaitement à l'abri de l'eau, pour toutes les circonstances de la pratique. On a alors besoin d'un nombre d'hommes d'équipage moindre ; au lieu de douze hom-

mes aux avirons, huit suffiraient, sans compter, bien entendu, le
patron, le sous-patron et le brigadier. Le poids à ajouter serait
d'environ une tonne et demie.

Je ne crois pas que la stabilité du canot en serait aussi affec-
tée que je l'ai entendu dire. Les hommes, c'est-à-dire l'élément
principal des canots de sauvetage, demandent certainement tous
un moteur. Dans toute ma région, vous ne trouverez pas
un seul canotier de sauvetage qui ne dise : « Donnez-nous un
moteur, nous n'attachons pas d'importance à sa force ; mais
donnez-nous au moins un moteur de quelques chevaux ; il nous
aidera à gagner au vent, à parvenir rapidement sur les lieux, à
gagner une marée qui commence contre nous. » Je crois que
l'économie réalisée paierait la dépense. Je serai heureux d'entendre ce que les autorités en matière de construction ont à dire
à ce sujet.

Capitaine SAXILD (*Danemark*). — A la lecture de la communication, j'ai remarqué, il me semble, qu'il n'est pas fait
mention des petits canots ; or, au Danemark, nous ne nous
servons que de petits canots (1). Le dernier orateur a fait allusion à des canots à rames munis de moteurs auxiliaires. Les avirons sont tout à fait nécessaires à un canot à moteur, et souvent, dans les canots à moteur puissant, il faut avoir des avirons.
Nous avons un canot Watson muni d'un moteur de 44 CV.,
c'est le frère d'un de vos canots. Je ne me rappelle plus s'il a
dix ou douze avirons, mais il les a toujours prêts à servir, et
dans les exercices les hommes sont entraînés à les utiliser. Cette
précaution a été justifiée par l'événement, lors du naufrage d'une
goélette hollandaise qui avait fait côte dans une violente tempête. Le canot stationné dans le port sortit, mais il eut une
panne de moteur, tout près de l'épave. Le moteur de ce canot
est dans un compartiment étanche, le mécanicien dut ouvrir

---

(1) Par « petits canots », on entend ici des canots d'une dizaine de mètres
de long. (*Note du traducteur.*)

le capot pour rechercher les causes de l'avarie. A ce moment,
une grosse lame survint, remplit la chambre du moteur, celui-ci
était complètement hors de service. Les avirons furent donc
alors très utiles ; et, après avoir sauvé les naufragés, le canot
revint au port à l'aviron. Ainsi, par expérience personnelle,
nous jugeons très important d'avoir des avirons et nous exigeons
de nos hommes qu'ils s'en servent. Je ne sais pas si vous empor-
tez des avirons dans vos canots de sauvetage, mais il me semble
qu'il peut se présenter des occasions où il serait utile d'en avoir.

Dans la communication, il est fait allusion à un canot à
moteur puissant à une seule hélice. Vous avez aussi des canots
à deux hélices. Mais là où vous n'en avez qu'une, vous devez
être capables de lui substituer un autre moyen de propulsion, à
savoir les avirons. C'est alors que se montre l'avantage des canots
de petites dimensions, car, dans les canots de grandes dimensions,
vous entendez les hommes dire : « Nous ne pouvons pas naviguer à l'aviron dans un bateau de cette taille. »

M. H. DE BOOY (*Hollande*). — La Hollande a des côtes dangereuses, très difficiles d'approche, il faut que nos canots hollandais soient assez sûrs pour vaincre cette difficulté. L'installation
d'un bon moteur permet sans doute de satisfaire cette exigence
pour une grande part. A ce propos, je constate que, dans une
communication à discuter ultérieurement, on fait allusion aux
moteurs que nous employons en Hollande, et on les traite de
« précaires ». Je ne suis pas de cet avis ; nous pensons que
nos moteurs méritent entièrement la confiance que nous
avons en eux. De même quand le Capitaine ROWLEY dit :
« Considérons maintenant le canot à moteur puissant à une
seule hélice, il semble qu'on ne puisse trouver aucun argument
pour justifier une confiance absolue dans un canot muni d'une
seule machine, et qui ne possède pas de voilure pour le cas d'une
panne de moteur. A mon avis, le risque est beaucoup trop grand
pour un service de canot de sauvetage, » je ne suis, là encore,
pas de son avis. Je crois qu'un canot à moteur, muni d'un moteur

comme ceux que nous utilisons en Hollande, avec une seule hélice, peut être un excellent canot. Nos mécaniciens mènent une vie de yachtsmen. Ils sont tout le temps sur le pont à fumer leur pipe ; ils mettent le moteur en marche dans le port, puis descendent pour vérifier le graissage et remontent ensuite.

Bien entendu, si la côte de Hollande est très dangereuse, il faut considérer qu'à certains points de vue elle est moins dangereuse que la côte anglaise en raison de l'absence de rochers. Les grands navires peuvent très rapidement se trouver en danger sur la côte hollandaise, mais les petits bateaux comme les canots de sauvetage à moteur peuvent, si quelque chose arrive à leur machine, faire côte en n'importe quel point. Quand on les relève de la côte, ils n'ont pratiquement pas souffert.

Vous direz : « C'est vrai, mais vous avez deux moteurs. » Certainement, bien que le moteur soit digne de confiance, quelque chose peut toujours lui arriver. Et de même que les grands navires à passagers ont aujourd'hui deux hélices, nous en avons deux aussi, mais ce n'est pas parce que nous manquons de confiance dans le moteur unique.

Commandant Le Verger (*France*). — Les canots de sauvetage à moteur français sont en général plus petits que les vôtres, si l'on excepte celui de l'île Molène. Nous n'avons vu aucun inconvénient à faire de tels canots, et nous n'apercevons pas de danger résultant de l'emploi des voûtes doubles. Partout en France les canotiers de sauvetage nous répètent constamment la même chose : « Donnez-nous un moteur ».

M. Keppel H. Foote (*Grande-Bretagne*). — J'ai été très frappé de ce que le Capitaine Innes a dit à propos des moteurs auxiliaires. On s'imagine trop souvent que les canots de sauvetage ne sortent que par très mauvais temps. Ce n'est pas le cas. Ils sortent souvent par temps très ordinaire. J'ai quelque expérience de la station de Deal, où les canots de sauvetage sont lancés plus souvent que partout ailleurs, et vous pouvez lire tous les jours dans les journaux que les canots de plage ont été lancés par temps moyen. Si ces canots sortent par temps moyen et se servent alors de leur moteur, pourquoi les petits canots de sauvetage n'auraient-ils pas aussi un moteur ? Il y a beaucoup d'endroits où un moteur auxiliaire pourrait être très avantageux pour nos petits canots.

M. J. BARNETT (*Grande-Bretagne*). — En ce qui concerne la transformation des petits canots de sauvetage, nous sommes aussi désireux de mettre un moteur auxiliaire sur ces embarcations que les canotiers le sont d'en avoir un. Nous nous sommes occupés de la question en commençant par les plus grands canots et ensuite en redescendant, ayant toujours en vue l'adoption des moteurs dans les canots de toute dimension. A Scarborough, nous avons un canot à moteur auxiliaire relativement petit, et je ne doute pas que plus tard nous en aurons un encore plus petit. Mais il y a des difficultés de transformation que l'on rencontre dans les canots de sauvetage et qui n'existent pas dans les bateaux ordinaires. Un bateau de sauvetage a beaucoup plus de chances qu'un bateau ordinaire d'être contraint à l'extrême limite de son effort et par suite d'avoir des avaries de machine. Aux Etats-Unis, il y a des canots à moteur pour franchir des barres, et qui se montrent excellents. Mais leur cas n'est pas le même que le nôtre. A beaucoup de points de vue, nos côtes diffèrent de celles de tout autre pays. Nous désirons donner à nos équipages des engins de propulsion mécanique, et nous le faisons aussi vite que cela nous est possible. Mais nos mécaniciens doivent voir leur route dégagée des difficultés spéciales qui se présentent dans ce service particulier.

Capitaine KLAUS REIMERS (*Norvège*). — Comme vous le savez, notre canot de sauvetage est la seule des embarcations réunies dans la Tamise qui n'ait pas de moteur. Dans nos Assemblées annuelles, dans les réunions de nos Comités, nous avons discuté la possibilité de mettre un moteur sur nos canots de sauvetage, mais, profitant de l'expérience de notre grande flotte de pêche côtière, — prenant aussi en considération la question de nos ressources — nous sommes arrivés à la conclusion que, si nous devions avoir un moteur, ce devait être un moteur effectif, et cela aurait dépassé nos moyens. Il faut aussi se souvenir que nous avons fréquemment sauvé les existences de ceux qui avaient un moteur, soit parce que leur bateau n'était plus maître de sa manœuvre par le mauvais temps, soit parce que leur moteur était insuffisant. Tout le long de nos côtes, les canots des pêcheurs ont des moteurs. Ils sortent et font ce que font tous les pêcheurs ; ils prennent tout ce qu'ils peuvent, et, si le mauvais temps arrive, ils ne peuvent pas se sauver parce que leur chargement est trop fort.

Comme je l'ai dit, la question des moteurs a été discutée et nous n'utilisons que la voile seule. Je vais lire un extrait d'un opuscule que nous avons préparé :

« La côte de Norvège étant rocheuse et couverte d'îles, de basses et de roches submergées, les ketches sont maintenus en croisière, à la fois aux points où la navigation est intense et à ceux où ont lieu les grandes pêches. Ils restent dehors tout l'hiver pour *prévenir les désastres* susceptibles d'entraîner des pertes d'existences. La plupart des ketches sont construits d'après les dessins de M. COLIN ARCHER, Ecossais ayant habité Larvik (Norvège), mais le *Christian Boers* a été construit à Bergen par M. K. DEKKE. Leurs dimensions sont 14 m. 05 sur 4 m. 75 avec 2 m. 25 de tirant d'eau. Ils croisent par tous les temps, et les tempêtes sont dures le long de la côte norvégienne. Le *Dream Ship*, qui en 1919-1920 f t un voyage depuis l'Angleterre, à travers le canal de Panama, jusqu'à Tonga Tabou dans le Pacifique, a été construit en Norvège ; et le *Shanghaï*, qui vient d'arriver à Copenhague, a été construit en Chine ; tous deux sur les plans des ketches de sauvetage de COLIN ARCHER. Ils ont seulement des voiles, mais sont aisément manœuvrés par un patron habile et son équipage. En trente ans, nous avons sauvé deux mille cinq cent trente-huit existences. »

Nous savons bien que ce serait une bonne chose d'avoir des bateaux à moteur puissant, mais il vous faut comprendre que nous aurions à maintenir vingt-huit canots de sauvetage à moteur en croisière de septembre à avril. Ce serait au-dessus de nos moyens. Vos canots sortent quand on les appelle. Les nôtres sont toujours en croisière sur la côte.

Commandant HAROLD D. HINCKLEY (*Etats-Unis*).—M. le Secrétaire George SHEE a suggéré qu'il serait peut-être avantageux pour les délégués étrangers d'entendre de ma bouche les résultats de notre expérience aux Etats-Unis. Principalement pour gagner du temps, et aussi un peu sur la demande de nos équipages, nous avons adopté les canots de sauvetage à moteur partout où on pouvait les utiliser. Nos canots sont de deux types différents : le plus grand est un canot de 10 m. 80, muni d'un moteur de 40 à 50 CV.; le plus petit a un moteur de 14 à 16 CV. Les moteurs sont dans des compartiments étanches, et ceux employés actuellement ont été reconnus tout à fait dignes de confiance. Nous avons adopté un moteur d'un type unique, à six cylindres pour les grands canots, à quatre cylindres pour les plus petits. Nous n'avons éprouvé que très peu d'ennuis du fait des moteurs, et nos canots ont très souvent fait des voyages de 1.000 milles pour gagner leurs stations. Les canots sont construits par les chantiers du Gouvernement, leurs plans sont établis par nos officiers et exécutés sous leur surveillance. Ils se rendent toujours à leurs stations par leurs propres moyens. Nous n'utilisons les canots à rames légers que là où, par suite de la nature du rivage, il serait impossible de lancer un canot à moteur. Les canots à moteur peuvent être mis à terre et lancés du rivage, et nous avons reconnu leur grande valeur.

M. H. DE BOOY (*Hollande*). — Je voudrais poser une question. A la fin de sa communication, le Capitaine ROWLEY dit, à propos des voûtes doubles : « Je sens qu'il y a là un danger particulier : celui d'un canot petit à double voûte pris par l'arrière par une grosse lame. L'aire de la surface présentée à la vague est si considérable que le risque existe de voir la vague soulever l'arrière du canot assez violemment pour que celui-ci puisse engager en partie et être renversé bout pour bout. »

Votre nouveau canot de sauvetage à moteur *William and Kate Johnston* est un magnifique canot. Il est muni de deux moteurs avec des hélices sous double voûte ; je voudrais vous demander si, pendant les essais ou les croisières de ce canot, vous avez eu quelque indice montrant que le danger auquel il est fait allusion existe réellement.

M. Ottar Vogt (*Norvège*). — J'ai été particulièrement intéressé par ce qu'a dit M. de Booy au sujet des moteurs employés dans les canots de sauvetage de la Hollande. Le temps viendra où nous aussi mettrons des moteurs sur nos canots de sauvetage, et alors nous utiliserons des moteurs à huile lourde.

Capitaine Rowley (*Grande-Bretagne*). — Je reprendrai les questions dans leur ordre.

Parlons d'abord de la transformation des canots actuellement en service sur la côte en canots à moteur.

Quand la Royal National Life Boat Institution commença à essayer les canots de sauvetage à moteur, voici la voie qu'elle suivit d'abord. Nous transformâmes deux ou trois canots, et de cette transformation résulta l'expérience qui guida notre politique ultérieure. Les canots de Clacton-on-Sea et de Walton furent convertis en canots à moteur, et ils sont encore en service. Mais, dans la transformation, on touche un très grave problème. Considérons les canots de sauvetage à redressement, ils sont des plus difficiles à transformer. Si on veut leur conserver la propriété évidemment essentielle du redressement, il faut leur mettre des tambours entièrement nouveaux, par suite des modifications de poids. Il faut aussi relever le pont. Dans les canots non à redressement, le pont doit être aussi surélevé, et, même alors, le canot terminé se trouve trop bas dans l'eau. On ne peut installer des voûtes sans dépense excessive, et, comme je l'ai dit dans ma communication, je considère la voûte comme essentielle pour les canots de sauvetage, non seulement pour éviter que les hélices ne s'engagent, mais encore pour prévenir des avaries lors du hissage ou du lancement des canots sur des glissières ou sur des chariots. Il faut donner un peu plus de hauteur et de dévers aux avants si l'on veut que les canots transformés à moteur aient des qualités nautiques pratiques et il leur faudrait aussi plus de hauteur sur l'eau. Un canot de sauvetage à moteur rencontre nécessairement les vagues venant de l'avant avec une plus grande vitesse que les canots à rames et à voiles ordinaires. Je vais vous donner un exemple de la différence entre un canot converti en canot à moteur et un canot construit directement à moteur : le canot de sauvetage à moteur de Spurn a en fait à l'avant 25 centimètres de hauteur de plat bord de plus qu'un canot à voiles de mêmes dimensions. Je pourrais continuer ainsi longtemps, mais, considérant toutes les modifications à faire subir à la construction et la somme des dépenses occasionnées ainsi sur un vieux canot, je ne recommanderai certainement jamais à notre Comité de Direction d'aller plus loin dans la voie de la transformation.

Le Capitaine INNES a dit que toutes les stations désirent des canots à moteur. C'est exact, et tous nous le désirons aussi. Le Comité de Direction est du même avis, mais on ne peut pas réaliser un problème si gigantesque d'un seul coup. Il faut trouver son chemin et traiter la situation selon ses moyens matériels, moraux et financiers. Je suis parfaitement sûr qu'à peine vous aurez mis dans les canots des moteurs de 2 ou 3 CV., ou même le moteur de bicyclette comme on l'a suggéré, les canotiers ne seront pas satisfaits, ils demanderont davantage, et l'expérience de la Royal National Life Boat Institution prouve que, si l'on met dans une station un canot à moteur auxiliaire, les canotiers ne tardent pas à réclamer un canot plus grand.

Le Capitaine SAXILD demande si nous utilisons des avirons dans nos canots du type Watson. C'est une question à laquelle j'ai beaucoup réfléchi, et notre politique actuelle est de supprimer les avirons sur les canots, d'un déplacement supérieur à 4 tonnes, parce que nous jugeons que ces canots ne peuvent pas être maniés avec succès à l'aviron par mauvais temps. Telle est notre opinion, et en conséquence nous avons supprimé la propulsion par avirons dans les grands canots. Nous n'avons que des voiles, ou des voiles et un moteur ; nous n'emportons que quatre avirons pour des besoins particuliers, tels qu'aider au virement de bord.

Pour ce qui concerne l'exposé de M. DE BOOY à propos de l'emploi d'une seule machine par la Société Nord-et Sud-Hollande, où on utilise avec succès le moteur à pétrole non raffiné, je remarque que, lors de la construction du *Brandaris II*, cette Société a ajouté une corde supplémentaire à son arc. Le premier *Brandaris* a peut-être dû sa perte malheureuse à une panne de moteur. Je n'en sais rien, mais j'ai là ancré, et bien ancré dans ma tête, qu'avec un seul moteur, que ce soit un moteur à huile lourde ou à essence, on ne peut pas se reposer entièrement sur sa machine, et je préférerais beaucoup avoir un canot à forte voilure et abandonner mon moteur unique. Mais si j'ai deux moteurs, bien entendu, je n'ai plus besoin de mes voiles.

M. DE BOOY a aussi demandé si, dans les essais ou croisières du canot à moteur de 18 mètres stationné à New-Brighton, canot qui a une double voûte, cette embarcation a jamais été prise par une grosse lame venant de l'arrière. Je désire entendre ce que le Capitaine DRURY peut dire sur ce sujet ; il était à bord quand, en doublant le nord de l'Ecosse, il a rencontré du très mauvais temps, et peut-être pourra-t-il nous dire si le canot a jamais été pris de cette manière. Mes remarques à ce sujet concernaient les petits canots, et j'ai sous les yeux deux photographies prises dans un journal français, et montrant un petit canot à voiles et à deux moteurs avec une double voûte (1).

(1) Il s'agit sans doute des dessins de notre canot bi-moteur parus dans l'*Illustration*. (*Note du traducteur*).

Cette voûte offre une surface considérable à une grosse vague venant de l'arrière, et je crois que, dans ce cas, il peut y avoir un danger très net, particulièrement si les canotiers n'utilisent pas l'ancre flottante. Et malheureusement nous ne pouvons pas toujours faire comprendre à nos canotiers la valeur de l'ancre flottante. Les Français ont dit que ce danger n'était pas à craindre, ce qui me paraît très intéressant.

Le Capitaine Reimers nous a dit qu'en Norvège on n'employait que les voiles, mais que, s'ils employaient des moteurs, ils les voudraient très sûrs. Cela vient à l'appui de ce que j'ai dit dans ma communication : on ne peut avoir une confiance absolue dans le moteur unique.

Il y a une autre question que je juge de mon devoir de mentionner : l'efficacité du moteur ne doit pas être annulée par un défaut d'étanchéité. Dans les essais de nos nouveaux moteurs, nous les avons fait marcher submergés, et ils fonctionnent encore sous l'eau. Ce perfectionnement ajoute à l'efficacité du bateau à moteur unique ; l'ancien moteur en effet aurait stoppé par une projection d'eau bien dirigée. Les nouveaux moteurs sont entièrement clos, et, dans les épreuves, nous faisons marcher les canots avec leurs cales pleines d'eau.

Capitaine Klaus Reimers (*Norvège*). — Me référant à mes remarques précédentes, me sera-t-il permis d'ajouter une autre raison à celles qui nous ont conduit à ne pas utiliser les moteurs ? Nous étions un peu effrayés par les expériences faites sur les grands voiliers de pêche. Nous craignions que nos hommes ne fussent plus contraints à être aussi bons marins qu'ils le sont actuellement, parce qu'ils n'auraient plus à manœuvrer des voiles. Dans mon pays, il n'y a pas d'autre occupation pour les hommes, et ils sont forcés d'aller en mer. C'est peut-être pourquoi nous avons de bons marins.

Capitaine Drury (*Inspecteur régional du district septentrional de la Grande-Bretagne*). — En ce qui concerne le *William and*

Kate Johnston, j'ai éprouvé avec lui tous les mauvais temps qu'on peut avoir, et en particulier la grosse mer chargeant de l'arrière ; grâce à l'emploi de l'ancre flottante nous n'avons jamais embarqué une goutte d'eau, à quelque moment que ce fût. En toutes circonstances, ce canot a prouvé que ses qualités nautiques étaient merveilleuses. Les canotiers disaient qu'il était capable de tout faire excepté de parler.

A propos de l'adjonction de moteurs auxiliaires sur les canots actuels, je dois dire que je suis d'accord avec les raisons données par le Capitaine ROWLEY, et que, pour le moment, je me contente de surveiller le fonctionnement du bateau de Scarborough. Je ne l'ai pas vu lancer, mais j'espère pouvoir le faire, parce que des questions se poseront probablement. Un canot à moteur lancé d'un chariot est appelé à recevoir des chocs violents, et je désirerais que les essais soient faits par mauvais temps. Je voudrais aussi voir réaliser l'expérience de la construction d'un canot de sauvetage de 10 m. sur 2 m. 35 pourvu d'un moteur, expérience distincte de celle de la transformation d'un canot de plage de mêmes dimensions. Le fait que les canotiers réclameraient un canot plus grand est sans importance. Si l'on établissait un type étalon, les canotiers devraient en être informés et être satisfaits. Ils doivent comprendre qu'un canot de plage est nécessairement un petit canot.

LA CONSTRUCTION DES CANOTS
DE LA ROYAL NATIONAL LIFE BOAT INSTITUTION

COMMUNICATION DE M. J. R. BARNETT

INGÉNIEUR CONSTRUCTEUR CONSEIL DE LA R. N. L. I.

Les détails de construction des canots de sauvetage côtiers sont sous l'étroite dépendance de leur plan général, puisque la forme et le déplacement affectent grandement les échantillons. Un canot léger ne demande pas la forte construction des fonds qui est nécessaire sur un canot de grand déplacement muni d'une très lourde quille. La méthode de construction varie donc avec le canot.

Bois et acier. — Les canots de sauvetage de la R. N. L. I sont construits en bois. On est arrivé à cette pratique après de nombreuses années d'expérience. On a essayé l'acier, et tous les canots de sauvetage à vapeur ont été construits en acier. Ces canots ont fait un bon service. Mais la charpente et le platelage d'acier sont nécessairement de faible échantillon ; le rivetage est par conséquent une source de préoccupations. Si un canot s'échoue, les rivets ont une forte tendance à s'arracher, et les plaques d'acier très minces sont aussitôt déchirées si le canot entre en contact avec une saillie quelconque. En outre, la corrosion constitue un grave danger ; étant donnés les faibles échantillons, l'acier même galvanisé s'affaiblit et se perce au bout d'un certain temps.

L'expérience de la R. N. L. I. lui a prouvé que le bois supporte un bien plus dur service et qu'on doit avoir beaucoup plus de confiance et de satisfaction dans la construction à double bordé en bois que dans la construction en acier. Par suite, même les plus grands canots construits par la R. N. L. I. sont encore en bois. Quelques embarcations étaient construites à clins, toutes aujourd'hui sont à joints carrés.

Quille. — Quand cela est possible, la quille est en orme de montagne du Canada. C'est un bois particulièrement bien adapté, étant dur, fibreux, sans nœud et de fil droit ; mais il devient de plus en plus difficile de s'en procurer, aussi est-on amené à employer le teck ou d'autres bois.

Étrave, étambot, etc.. — Le chêne est préférable à tout autre bois pour l'étrave, l'étambot, la contre-étrave et les massifs avant, mais il devient difficile de trouver des pièces de bois courbe de fil naturel. Pour les petits canots, on peut surmonter cette difficulté en courbant à la vapeur des pièces de chêne de fil droit.

Membrure. — La membrure est ordinairement constituée par des poutres courbées d'orme de montagne du Canada. Les membrures des cloisons étanches et aussi quelques autres sont cependant d'échantillon plus fort et faites en pièces de chêne courbe de fil naturel. Dans le canot de 18 m. 50 où les cloisons étanches sont en acier, on fixe une cornière d'acier sur le dessus de la membrure de bois, et la cloison étanche d'acier est rivetée sur la panne de la cornière qui se trouve dans le plan transversal. La cornière est ainsi maintenue éloignée du bordé du canot, afin d'éviter la corrosion.

Bordé. — Le bordé extérieur, dans les petits et grands canots, est formé de deux épaisseurs croisées diagonalement. Entre les deux épaisseurs, il y a une toile cérusée, ou une glu spéciale. Cette méthode donne un bordé suffisamment rigide et en même temps d'une certaine élasticité quand le canot heurte un objet

quelconque. Ce bordé est léger et robuste. Dans la plupart des
canots, le bordé est en acajou du Honduras, mais dans le canot
de 18 m. 50 on emploie le bois de teck, préférable pour d'aussi
grandes embarcations.

Ponts et barrots. — Les ponts, comme les bordés extérieurs,
sont pour la plupart constitués par deux épaisseurs d'acajou du
Honduras. Les barrots sont aussi en acajou, à l'exception de
quelques barrots particuliers qui sont en chêne. Pour les toits
des caissons avant et arrière, qui ont une forte cambrure, les
barrots sont en orme de montagne du Canada courbé à la forme,
et ils sont supportés par des renforts longitudinaux.

Cloisons étanches. — Les cloisons étanches, sous le pont, ont
été d'abord construites en une solide épaisseur d'acajou du
Honduras, mais, quand cela est possible, elles sont maintenant
construites en deux épaisseurs comme les bordés extérieurs, ou,
dans des cas spéciaux, construites en « Consuta ». Sur les canots
à moteur, on a essayé de construire en acier les cloisons étanches
de la chambre des machines pour qu'elles résistent mieux à la
chaleur. Cette façon de procéder supprime la nécessité du revê-
tement en cuivre de la face interne des cloisons étanches. Sur
le canot de sauvetage à moteur de 18 m. 50, toutes les cloisons
étanches sont en acier. Les cloisons étanches des caissons avant
et arrière sont, au-dessus du pont, en deux épaisseurs d'acajou
du Honduras.

Liaisons. — Avoir de bonnes liaisons, c'est la vie même du
canot. Si les liaisons ne sont pas satisfaisantes, les autres matériaux employés, si bons soient-ils, sont de peu d'importance.
Le cuivre et le laiton type Amirauté sont les principales matières
employées. Pour les clous rivetés et les boulons, rien ne vaut le
cuivre dans un canot en bois ; la forme de leur tête est particulièrement importante. Il en est de même des rondelles ou anneaux
sur lesquels les clous ou boulons sont forcés. Le laiton type Ami-

rauté paraît être le métal jaune le plus satisfaisant pour la construction des canots, particulièrement quand on doit l'utiliser en connexion avec du fer et de l'acier.

Procédé de construction. — Pour la construction, les différents établissements ont chacun leur manière de procéder ; mais il semble que la meilleure soit d'élever des gabarits transversaux, sur lesquels on fixe des rubans longitudinaux. Sur ceux-ci, on fixe les poutres courbées. Puis le bordé est appliqué sur les membrures.

Construction composite. — On pourrait croire qu'une construction composite régulière serait une bonne chose pour les coques de nos canots ; elle pourrait en effet présenter certains avantages, mais la membrure ne serait pas aussi légère et la vie du canot serait moins longue. La corrosion ne peut être évitée même par la galvanisation, et le passage des attaches à travers l'acier serait une source de préoccupations. (Bien entendu sur les canots en bois actuels, il y a des couvre-joints en fer, des varangues diagonales en cornières d'acier, ainsi que des guirlandes avant en fer, des courbes en fer de barrots verticales et horizontales, et bien d'autres encore.)

Voûtes. — Sur les canots à moteur, il est maintenant établi que, dans la plupart des stations, l'hélice doit être protégée par une voûte. Cette voûte formée à la partie arrière du canot constitue une pièce de construction très délicate, parce que, afin d'éviter que le canot ne devienne volage (pour ne pas dire impossible à gouverner dans une grosse mer de l'arrière), le massif arrière doit être conservé. La quille est par conséquent maintenue droite jusqu'à l'étambot, et le massif arrière est construit au centre du tunnel, avec une ouverture pour l'hélice. Cette construction est un très bel exemple de ce qu'on peut réaliser en charpentage de bois ; elle s'est montrée très robuste et très effective.

Sur le plus grand type de canot de sauvetage à moteur, on

a adopté la double hélice, ce qui nécessite une double voûte. C'est encore une pièce de construction très délicate, mais dont l'exécution a donné pleine satisfaction.

Il faut encore mentionner une autre innovation réalisée sur ce nouveau type, pour simplifier la construction des cloisons étanches transversales. Les carlingues de bouchain et les serres latérales ont été placées à l'extérieur du canot, et cet arrangement s'est montré de grande valeur pour la protection du canot, car ces serres extérieures servent de défenses sur les flancs aussi bien qu'à l'arrière ou à l'avant.

DISCUSSION

M. Albert ISAKSON (*Suède*). — L'excellent mémoire de M. BAR-NETT est si plein d'informations et d'indications tirées de sa grande expérience que je suis convaincu que beaucoup de ses suggestions devraient être examinées par les Instituts de classification des navires et introduites dans leurs règlements sur la construction des yachts. Je suis sûr que le Dr LAWS et M. BLOCKSIDGE, les experts particuliers du Lloyd en ces matières, seraient enchantés de les discuter avec M. BARNETT.

En ce qui concerne le sujet principal des remarques de M. BARNETT, je suis, dans l'ensemble, tout à fait de la même opinion, et spécialement je considère que le bois, et non l'acier, constitue le matériel convenant aux canots de sauvetage. Il en est particulièrement ainsi dans les eaux qui ont le pourcentage de sel marin qui existe dans la Manche et la Mer du Nord. Il peut y avoir une petite différence pour la Suède, parce que nous avons une moitié ou un quart de sel de moins dans la Baltique que vous n'en avez dans les eaux anglaises. Mais, même dans ce cas, je préfère le bois comme matériel de construction pour les canots de sauvetage.

Tous nos petits canots de sauvetage à rames et à voiles sont construits à clins, ce qui offre pour ces canots le petit avantage de diminuer les embruns sautant à bord par une mer modérée ; mais dès que vous avez à construire des embarcations d'une certaine taille, vous devez passer à la construction en bordélisse, à joints carrés, cela va sans dire.

Passons à l'examen de la question : matériaux du bordé. Je suis tout à fait de l'avis exprimé par M. BARNETT au sujet des canots pour les côtes anglaises où il y a très peu de gelées, mais je dois vous faire part d'un fait plutôt curieux que nous observons dans notre pays où les gelées en hiver sont très dures. Nous avons constaté que le teck ne résiste pas à un froid très intense. J'ai constaté personnellement ce fait il n'y a pas très longtemps sur un canot où l'on avait employé un bordé en teck : ce canot n'avait que cinq ou six ans quand il commença à faire eau, mais quand j'eus enlevé le doublage en cuivre, je trouvai le teck si décomposé que je pouvais le peler avec mes doigts. Et ceci démontre que le teck ne vaut rien pour un bordé soumis à de grands froids. Mais ce que je viens de dire ne concerne pas les canots de sauvetage servant en Angleterre, où vous n'avez pas à supporter les mêmes froids. L'acajou du Honduras, quand il a été convenablement coupé en saison et séché, ne doit pas, je crois, se resserrer ni se gondoler. Le teck non plus ne se resserre ni ne se gondole. A ce point de vue, le chêne n'est pas aussi bon ; il est cependant très solide. Le chêne peut continuer à se gondoler pendant près de cinquante ans, et, comme vous ne pouvez pas l'empêcher de se gondoler, il faut constamment calfater et recalfater le bordé d'un canot construit en chêne. Nous avons essayé de remplacer le chêne par du pin rouge de la Baltique de première qualité, franc d'aubier et franc de taches blanches, mais nous insistons sur la nécessité d'avoir ce bois coupé et séché depuis cinq ou six ans, après lesquels on le sèche encore à la vapeur. Si vous prenez ces précautions avec du pin rouge de première qualité de la Baltique ou de Riga, vous pourrez constater qu'il ne se gondolera pas pendant la durée d'une génération. Mon second petit bateau, un yacht, était construit en pin rouge de la Baltique ; je l'ai vendu quand il avait vingt-six ans, et un an après je l'ai rencontré dans un fjord. On l'avait gratté et repeint, et il semblait un bateau neuf ; il avait vingt-sept ans, et il n'y avait pas un brin de coton ou de calfatage quelconque dans sa coque. En fait, si vous utilisez cette sorte de pin, bien coupé et bien séché, vous pouvez en construire un canot sans le calfater, et c'est l'usage des chantiers suédois. Les embarcations sont liées comme un baril de vin ou de whisky — et je suppose que les barils ne sont pas moins bien liés en Angleterre qu'en Suède.

Il faut cependant adopter une plus grande épaisseur de bordé, et vous constaterez qu'avec un bordé de 25 p. 100 plus lourd que le bordé de chêne un canot ne fait pas eau. Il y a autre chose : vous pouvez construire la membrure en acier galvanisé, utiliser du cuivre pour les boulons, rivets et autres attaches. Nous avons constaté sur beaucoup de nos yachts, de trente à trente-cinq ans d'âge, et construits de cette manière, qu'il n'y a nulle part trace de pourriture ou de corrosion d'acier. Nous avons toujours des varangues d'acier. Aussi longtemps que vous maintenez le bordé *parfaitement sec* à l'intérieur il n'y a pas possibilité de corrosion, et les objections contre la construction composite ne jouent pas dans ce cas. Je pense que ce sont ces objections qui vous ont en partie engagés à introduire ces bordés en deux épaisseurs en usage chez vous, procédé deux fois plus coûteux que le procédé du bordé en simple épaisseur.

Il serait très intéressant pour un constructeur anglais de canots d'essayer et de voir s'il ne pourrait pas réussir à utiliser un bordé épais de pin de la Baltique et construire ainsi des canots beaucoup moins coûteux. En ce qui concerne les attaches, nous utilisons toujours les rivets de cuivre, et, si l'on a eu soin d'employer une main-d'œuvre de première classe et si le bordé a été bien serré, il n'y a aucune raison pour que l'eau puisse pénétrer dans la coque. M. BARNETT nous dit que le laiton type Amirauté est tout aussi bon. Je lui demanderai si ce laiton est aussi facilement riveté et martelé que le cuivre.

M. Barnett. — Il est plus dur, mais on peut tout aussi bien le traiter.

M. Albert Isakson. — Le procédé de mise en place des clous, rivets, boulons, etc., est exactement le même dans nos chantiers que celui décrit ici, mais je ne peux pas être entièrement d'accord avec M. Barnett en ce qui concerne la construction composite.

M. H. de Booy (*Hollande*). — Il me semble que la question de la construction en bois est une question difficile à résoudre. Il faut de très nombreuses expériences pratiques pour déterminer définitivement si les canots en bois sont meilleurs que ceux en acier, ou le contraire. Tout ce que je puis dire, c'est qu'en Hollande le marin pense qu'un canot à moteur sera plus solide si on le construit en acier. Nous pourrions, bien entendu, faire des expériences avec votre canot *William and Kate Johnston* qui est en bois et notre *Brandaris* qui est en acier, en les faisant talonner fortement sur des bancs de sable des Goodwins, mais ce seraient des expériences plutôt coûteuses.

Passons à la corrosion : bien entendu, le fer se corrode, mais d'un autre côté le bois pourrit. Il ne faut pas faire des plaques trop minces, et naturellement le matériel doit être de première qualité. Voici un morceau d'une plaque utilisée pour notre nouveau canot à moteur en construction. Vous voyez comme elle a été tordue, et elle a été tordue à froid.

Je dois ajouter, bien entendu, *qu'il n'y a pas de rochers sur nos côtes*, et que, par suite, pour nos canots, il ne peut être question d'avoir des plaques déchirées en venant au contact d'un objet aigu quelconque (1).

M. Ottar Vogt (*Norvège*). — La Conférence jugera sans doute intéressant de savoir comment est construit notre canot le plus

---

(1) Il reste pourtant le risque des épaves. (*Note du traducteur*).

ancien qui a aujourd'hui trente-trois ans. Ce canot est en chêne, le bordé ordinaire et les membrures sont, partie en chêne, partie en pin. Je l'ai inspecté l'année dernière ; il est aussi bon que lorsqu'il était neuf. Aucune pourriture de quelque sorte qu'elle soit ; il est absolument étanche.

Commandant HAROLD HINCKLEY (*Etats-Unis*). — Aux Etats-Unis, nous utilisons pour le bordé le cèdre blanc et nous le trouvons solide et léger. Nos membrures sont en chêne et nous n'avons jamais eu à constater de pourriture. A l'école des Coast Guards nous avons un des plus vieux canots, sa coque et sa membrure sont aussi saines maintenant qu'au jour de sa construction. Nous faisons venir notre cèdre blanc principalement de notre côte du Pacifique. Je ne sais si sur ce continent vous avez de ce bois.

M. BARNETT (*Grande-Bretagne*). — J'ai eu grand plaisir à entendre les critiques qui viennent d'être faites, et je désirerais en avoir entendu davantage.

Notre ami suédois a parlé très haut en faveur de notre système, et j'ai été heureux d'entendre ce qu'il a dit du bois et de l'acier. La raison qui nous a fait adopter l'acajou pour le bordé dans la plupart des cas est que ce bois est de poids modéré et cependant qu'il est dur et serré et d'une grande longévité. Nous pourrions utiliser davantage le teck pour le bordé, parce que ce bois peut être obtenu de fil très droit et qu'il ne se gondole pas, mais il est plus lourd et nous ne songeons pas à l'adopter pour nos canots de petite taille. J'ai été très étonné d'apprendre qu'il se détériore et pourrit sur les canots en Suède. Il serait intéressant de savoir si ces canots sont conservés à terre ou à flot. Je n'aurais jamais cru que le teck s'abîmât de cette manière, c'est un bois très durable. Le coupage à une époque défavorable et le mauvais séchage sont, je le crains, à la source de tous les ennuis. Si vous avez du bois bien coupé et bien séché, il durera des générations ; la R. N. L. I. prend de grands soins dans l'examen des bois qu'elle utilise sur ses canots. J'ai été très heureux d'apprendre qu'en Suède on apporte tant d'application à obtenir du bois bien coupé, bien séché. Je suis favorable à la pratique du calfatage pour les simples bordés. Je connais bien des exemples de yachts construits sans calfatage, mais c'est une autre affaire, et les barils de whisky en sont encore une autre ! Sur les barils de whisky, les cercles sont à l'extérieur, mais sur nos canots ils doivent être à l'intérieur. Vous serez sans doute intéressés de savoir que, dans le canot de 18 m. 50 destiné à New-Brighton, nous avons mis des serres à l'extérieur, au lieu de les mettre à l'intérieur comme d'habitude. Cela s'est montré excellent de deux manières. En fait, nous avons exécuté ce changement pour simplifier la construction des cloisons étanches, mais il en est résulté également une excellente protection pour le canot lui-même.

Le pin jaune est un excellent bois de construction. Autrefois, ce n'était rien pour un canot en bois de durer trente ans, mais l'ennui actuel est qu'on ne peut avoir de ce bois.

Je n'aurais pas d'objection à la construction composite si les faits que j'ai mentionnés n'existaient pas. La membrure est plus lourde, et il y a des causes de corrosion. La panne de cornière qui est à plat et la cornière qui repose sur le bordé, même galvanisées, se corroderont. Il y a humidité partout où vous avez un bordé de pin. C'est pourquoi nous désirons tant assurer la ventilation de nos canots.

Nous, Anglais, nous sommes convaincus que la construction que nous avons adoptée est la meilleure pour nous, mais, je le répète encore, nous sommes particulièrement désireux de savoir ce qu'on a fait dans les autres pays, parce que, si on nous suggère quoi que ce soit de meilleur, nous souhaitons de le connaître.

La différence de prix entre le simple et le double bordé ne monte pas si haut. En tout cas, si je prends les prix des constructeurs pour les canots à vapeur à bordé simple et à double bordé, je trouve peu d'écart. Et avec le double bordé on a une élasticité que l'on n'a pas avec le simple bordé.

J'ai été extrêmement intéressé par ce qu'a dit M. DE BOOY

au sujet de l'acier, mais je croyais qu'il nous en entretiendrait plus longuement. Tant que le canot est en eau profonde, tant qu'il ne touche pas, je n'ai aucune crainte concernant les rivets. Mais aussitôt qu'il touche quoi que ce soit, les rivets sont de si mince échantillon qu'ils doivent avoir leurs têtes abîmées. Le rivetage dans de l'acier de faible échantillon est pour moi un sujet de crainte. Ensuite vient la corrosion. L'expérience acquise avec nos canots de sauvetage à vapeur en acier corrobore ces deux points. Je crois que, si vous vous mettez sur des rochers, vous avez plus de chances avec le bois qu'avec l'acier : le canot de sauvetage de Peterhead s'est jeté sur des rochers et il a été tellement percé qu'il a fallu renoncer à le réparer ; néanmoins il a flotté quand il s'est dégagé des rochers.

Le canot tout en chêne qu'on a suggéré serait excellent, mais le gondolement rendrait très difficile l'application des deux bordés l'un sur l'autre.

Le cèdre blanc est un excellent bois de construction. Nous ne pouvons pas en avoir beaucoup en ce pays, nous considérons que le cèdre est un peu friable et tendre.

Récemment un nouveau produit a été introduit dans le commerce, c'est ce qu'on appelle le bois laminé. Je crois que c'est une matière à utiliser avec la plus grande circonspection. On peut craindre que l'humidité ne s'introduise par ses bords. Je ne penserais jamais à utiliser ce bois laminé pour des ponts ou pour des bordés extérieurs, sans parler d'autres raisons. Mais, pour les cloisons étanches, je pense que cette matière est tout à fait sûre, elle a la rigidité nécessaire. Nous avons employé des cloisons d'acier sur notre canot de 18 m. 50. C'est un très grand canot, mais nous avons eu soin de placer la cornière des cloisons étanches sur le haut d'une membrure en bois pour éviter la moisissure qui tend à s'accumuler derrière la cornière si elle est sur le bordé.

Le laiton type Amirauté est le laiton étalon, et ma propre expérience me prouve qu'il résiste mieux que n'importe quel autre métal.

Je peux dire que je suis en consultation continue avec ce que je considère comme la première Société de classification du monde ; je ne le mentionne que pour montrer que la suggestion faite a été déjà réalisée.

Maintenant que j'ai dit ce que j'avais à dire, un de ces Messieurs désire peut-être dire autre chose. On n'a rien dit des voûtes. Nous avons été forcés de construire des voûtes et nous les considérons comme essentielles.

Je ne saurais insister suffisamment sur ce que j'ai dit à propos de la ventilation. Nous nous demandons comment nos collègues des autres pays résolvent ce problème.

M. Tegelberg (*Hollande*). — Les résultats que nous avons obtenus avec les canots en acier ont été excellents, et nous croyons qu'ils ont une grande force de résistance, comme vous pouvez le voir par le morceau de plaque qui a été tordu absolument à froid. Nous ne sommes pas convaincus que le bois soit préférable à l'acier.

M. Barnett (*Grande-Bretagne*). — Une des objections principales que je fais à la construction du *Brandaris* est qu'il est à simple rivetage ; je préférerais le voir à double rivetage. Nous avons essayé des canots de sauvetage en acier et nous ne croyons pas pouvoir leur accorder grande confiance.

M. Albert Isakson (*Suède*). — Je soutiens finalement la position prise par M. Barnett, mais en même temps je voudrais expliquer la position de mes collègues hollandais dans leur préférence pour les canots en acier.

La corrosion, bien entendu, présente un grand inconvénient parce qu'elle pénètre entre les rivets et occasionnellement les fait sauter. La poix écrasée entre les rivets peut éviter ces accidents, ou bien le minium de plomb, ou encore une petite pièce de toile et du mastic. Mais il existe encore un moyen beaucoup plus effectif, c'est de souder électriquement le platelage tout entier, précisément comme on l'a fait dans ce pays et ailleurs.

Il en résulte que vous n'avez plus un seul rivet dans tout le platelage. Si par conséquent vous soudez électriquement le tout,
l'objection de la corrosion disparaît. Si l'on a un trou dans
un bordé soudé électriquement, tout ce qu'il y a à faire est
de couper tout autour jusqu'à ce qu'on ait trouvé le platelage sain et de souder une pièce pour couvrir le trou. C'est
ce qu'on fait fréquemment, et des réparations de cette nature
peuvent durer des années sans laisser passer l'eau. Cette suggestion pourra venir en aide à ceux qui préfèrent les canots de sauvetage en acier. Mais je crois que la très grande majorité des
gens compétents, et des canotiers aussi, soutiendront l'avis émis
par M. Barnett de conserver le bois comme matière des canots
de sauvetage.

M. Rubie (*Grande-Bretagne*). — La seule expérience que j'aie
d'une avarie grave survenue à un canot en acier est celle du
canot de sauvetage d'Angle, qui a fait côte pendant la guerre et
qui eut plusieurs milliers de rivets arrachés du fond. Il a été
percé en plusieurs endroits. Les plaques de ce canot avaient juste
la moitié de l'épaisseur de celles utilisées sur le *Brandaris*, mais
elles avaient été faites dans une fabrique d'acier écossaise. Les
coutures étaient à double rivetage. En ce qui concerne le rivetage, je préférerais voir les rivets posés plus proches l'un de
l'autre. Bien entendu cela présente des difficultés.

M. Barnett (*Grande-Bretagne*). — L'intérêt de la soudure
électrique ne nous a pas échappé, mais lorsque l'on a affaire aux
tôles forcément minces que réclame notre service particulier, il
faut être très prudent.

M. Albert Isakson (*Suède*). — Par soudure électrique j'entends la soudure continue de toutes les coutures. Le point principal est l'extrême simplicité et la facilité des réparations en
cas de besoin. C'est une grosse économie de temps et d'argent.
Je préfère toujours le bois, mais l'adoption de la soudure électrique serait un point important en faveur de nos amis hollandais s'ils l'adoptaient.

VALEUR ET USAGE DE L'HUILE LOURDE
dans les eaux tourmentées, pour faciliter l'action des canots de sauvetage.

Communication du Capitaine Rowley,
Inspecteur en chef des canots de la Royal National
Life Boat Institution

L'expression « répandre de l'huile dans les eaux troublées » paraît comme toute autre métaphore être née de faits établis et bien connus, et on doit raisonnablement penser que le phénomène de l'huile calmant la surface de la mer a été observé dans les temps les plus anciens ; en fait, les écrits de Pline l'ancien, auteur latin du 1er siècle de l'ère chrétienne, le mentionnaient, ainsi qu'en témoigne le passage suivant, traduit par le Dr Philémon Holland en 1601 : « Toutes les mers sont rendues calmes et tranquilles par l'huile. »

Il paraît donc étrange, après ces écrits de Pline et de Holland, qui datent de tant de siècles, qu'actuellement l'usage général de l'huile pour calmer les eaux agitées soit, au point de vue pratique, un facteur ignoré des marins ; en tout cas, ils n'y ont recours que dans des circonstances très rares et exceptionnelles.

La chose, d'après moi, s'explique par un manque de confiance dans le procédé.

Dans des articles précédemment parus dans le *Journal* de la R. N. L. I., ce sujet a été traité avec une grande compétence, d'après l'expérience acquise par des marins éprouvés, et aussi d'après celle des Inspecteurs de la R. N. L. I., acquise au cours d'essais renouvelés à plusieurs reprises pour élucider les mystéres de l'action d'une pellicule d'huile sur la crête des vagues. De ces articles, il semble définitivement résulter que, dans certaines conditions du mouvement des vagues, l'huile a sans aucun doute cet effet extraordinaire de calmer les eaux agitées, mais que, dans d'autres conditions, le simple fait de répandre de l'huile ne fait qu'augmenter le danger couru par un canot.

Je me propose de ne m'occuper dans cette communication que des canots de sauvetage. La R. N. L. I. n'a pas en effet à s'occuper de l'effet de l'huile dans les eaux profondes. Après une série d'expériences avec toutes les huiles d'usage courant, la R. N. L. I. a trouvé qu'il y avait peu ou point de différence entre l'effet produit par les huiles de colza, de lin, de poisson, de phoque, de paraffine, etc..

Je pense qu'on peut considérer aussi comme définitivement établi que, dans les brisants de force modérée ou sur une barre peu dure, tels qu'un canot de sauvetage puisse en maîtriser les attaques, l'effet de l'huile est à la fois très net et favorable, mais que, quand ces conditions modérées sont dépassées, elle ne donne plus aucune garantie. En fait, l'expérience a prouvé que l'huile n'a plus alors le pouvoir de rompre les brisants, et le seul résultat probable est que le canot, ses agrès, son équipage, sont couverts d'un mélange d'huile et d'eau, au lieu de ne recevoir, suivant une vieille expression, que de la « bonne eau salée bien claire ».

L'expérience a encore montré que l'huile a peu d'effet sur les brisants créés par les grosses vagues déferlant sur les petits fonds, tandis qu'au contraire elle a des résultats heureux quand on l'emploie dans des brisants produits par le vent.

Dans certaines conditions, l'huile peut être employée avantageusement ; je cite par exemple le cas du naufrage du navire-hôpital *Rohilla* pendant la grande guerre. L'huile fut apportée sur les lieux du naufrage par barils, et elle s'est montrée manifestement très utile lors du sauvetage de tous ceux qui étaient encore à bord de ce navire.

On croit souvent aussi que, dans les cas où des pertes d'exis-

tences se sont produites sur des canots de sauvetage, l'emploi
judicieux de l'huile aurait pu éviter l'accident ou diminuer
le nombre des victimes, mais il est très difficile de le prou-
ver : quand il arrive malheur à un canot de sauvetage, l'accident est généralement dû à la violence extrême de la mer dans
les petits fonds ou à quelque malheureux oubli des précautions
de tous les jours.

Les canots de sauvetage de la R. N. L. I. sont tous munis
de sacs à huile faits de forte toile percée de trous et contenant
des boîtes en étain de 4 litres et demi pleines d'huile de poisson :
ces boîtes ont des couvercles qui peuvent être facilement crevés
par un coup du dos d'une hache ou de tout autre instrument
pesant. Ces sacs peuvent être remorqués sur l'arrière du canot
ou peuvent être attachés à l'ancre, ou à l'ancre flottante, suivant
le cas.

Notre dernier canot de 18 m. 50 est muni d'un appareil spécial pour la distribution de l'huile, qui répand une pellicule d'huile
de chaque côté de l'étrave à travers un tuyautage.

En Hollande, où j'ai eu l'honneur de faire une visite il y a
deux ou trois ans, j'ai remarqué que plusieurs canots avaient
des réservoirs spéciaux pour la distribution de l'huile, et la
Société française a publié dans ses *Annales* un système de projection d'huile très étudié qui néanmoins paraît un peu compli-
qué. Il a paru en 1894 une translation très intéressante, faite
par le Dr RICHTER, et extraite de *Die Lehre von der Wellenbe-
ruhigung*, sur les « Qualités à rechercher pour trouver le moyen
de surmonter avec rapidité et certitude les eaux tourmentées ».
De cet article il ressort évidemment que c'est l'acide oléique
qui doit être considéré comme capable de calmer les vagues, et non pas l'huile elle-même. Les huiles de poisson con-
tiennent beaucoup d'acide oléique, et c'est une raison pour les
adopter. L'auteur remarque aussi que le fait le plus frappant
consiste dans la diffusion très satisfaisante de cet acide oléique.
Il établit que les qualités que doit posséder l'huile pour calmer les vagues rapidement et certainement sont les suivantes :

1º Elle doit être homogène ;

2º Sa composition physique et chimique ne doit jamais s'altérer ;

3º Elle doit rester également liquide et effective à toutes les températures ;

4º Elle doit être exempte de matières solides ou mucilagineuses en suspension, lesquelles boucheraient les trous du sac à huile ;

5º Elle doit être exempte de matières volatiles ou inflammables, telles que benzine, éther, alcool, etc. ;

6º Elle ne doit pas être trop fluide ;

7º Elle doit se répandre d'elle-même sur l'eau aussi rapidement que possible.

Cependant, comme l'acide oléique se solidifie à 4º centigrades, l'auteur considère comme nécessaire de le diluer par l'apport de petites quantités de liquide, tel que l'hydrocarbone ou les alcools.

Il est évident que l'effet de l'huile dépend de son utilisation instantanée et de la production immédiate d'une sorte de ceinture d'huile autour du navire.

Cependant, une des plus grandes difficultés relatives à l'emploi de l'huile est l'objection faite par les patrons aux conditions répugnantes que ce liquide désagréable crée partout où il est amené en contact avec leur canot.

Ce sujet est intéressant, et l'opinion de toutes les Sociétés de sauvetage qui participent à la conférence serait très utile pour l'avenir.

(Cette communication n'a donné lieu à aucune discussion).

PROPOSITION
D'UNE ORGANISATION INTERNATIONALE
DES CANOTS DE SAUVETAGE COTIERS

COMMUNICATION DU COMTE YOSHII,
PRÉSIDENT DE LA SOCIÉTÉ IMPÉRIALE JAPONAISE DES CANOTS
DE SAUVETAGE

Je propose au Congrès de déclarer :

1º Que, dans tous les pays du monde qui touchent la mer, il est désirable d'avoir un organisme pour le sauvetage des vies humaines mises en péril par des accidents de mer:

2º Que, pour améliorer les moyens et les méthodes de sauver les existences en péril de mer, une association internationale, analogue à la Société de la Croix-Rouge, devra être constituée avec toutes les Sociétés de canots de sauvetage et organisations similaires pour membres. Cette coopération internationale. pour cette grande œuvre humanitaire développera dans le monde entier les meilleurs sentiments réciproques et la bonne volonté ; elle apportera la paix et le bonheur à l'humanité.

3º Que les déclarations, résolutions, etc., de la Conférence seront envoyées à la Ligue des Nations à Genève, aux Associations pour la Ligue des Nations de tous les pays du monde, aux Gouvernements et aux Associations de Presse de tous les pays.

En ce qui concerne le premier point, j'estime tout à fait désirable que chaque pays maritime ait une organisation analogue à celles représentées par les membres de ce Congrès.

Des accidents de mer surviennent sur les côtes de tous les pays, et nous pouvons faire beaucoup pour persuader de la nécessité de s'occuper de la question ceux de ces pays qui n'ont pas d'organisation de sauvetage. La nature même de notre action est internationale, et, si ce Congrès déclare que son opinion est que tous les pays doivent posséder une Société de Sauvetage des

Naufragés, je pense que tous voudront créer un organisme de
ce genre.

En ce qui concerne le second point, je remarque que le présent
Congrès constitue déjà une organisation internationale. La R.
N. L. I. nous a fourni cette occasion unique. Cette réunion,
qui est la première, prouve, nous le voyons tous, combien il
serait instructif, utile, je dirai presque nécessaire, de se ren-
contrer de temps à autre pour discuter des questions intéressant le sauvetage des naufragés. C'est pourquoi il me semble
important d'avoir une association internationale. Elle nous
aiderait à apporter quelque unité dans ce service par la discussion du système et des méthodes employés dans chaque
pays. Si même, en certains points, notre action pouvait être
unifiée, cela présenterait de grands avantages ; et, d'autre part,
cette association rendrait de multiples services. Par exemple,
si une Société découvre ou invente de nouvelles méthodes ou
de nouveaux engins, les Sociétés des autres pays seront à même
de les connaître. Je crois que, si, pour cette besogne, nous
avions quelque part un bureau central, ce serait une bonne
affaire pour le progrès du sauvetage des naufragés. Je propose
de communiquer nos déclarations à la Société des Nations, parce
que notre œuvre est une œuvre intéressant toute l'humanité.
La Ligue des Nations est le plus grand bureau du monde pour
les œuvres intéressant l'humanité entière, et notre démarche
attirerait ainsi l'attention du monde entier.

Telles sont mes raisons pour proposer au Congrès la création
d'une association de ce genre ; et, si le Congrès adopte ma proposition, le mieux serait, je pense, qu'un comité à nommer ou
une des Sociétés se charge d'étudier la question et d'en faire un
rapport d'ici un mois ou six mois par exemple. Ce n'est cependant qu'une suggestion.

Sir GODFREY BARING, *Président du Congrès.* — Nous avons
écouté avec intérêt le discours du Comte YOSHII, qui soulève
une question internationale de haute importance. Nous avons
rédigé une résolution dans l'espoir qu'elle se recommandera par

elle-même au Congrès, je vais la lire et la mettre en discussion.

«Le Congrès international pour le sauvetage des naufragés, représentant les services de canots de sauvetage de Grande-Bretagne, Hollande, Etats-Unis, Danemark, Norvège, Suède, France, Espagne et Japon (1), désire insister auprès des pays qui n'ont pas de service de sauvetage des naufragés pour leur faire comprendre l'importance de l'organisation d'un service de ce genre, à la fois pour protéger les navigateurs et les navires qui passent à proximité de leurs côtes, et parce que les pays déjà en possession de ces services ont trouvé dans cette œuvre commune un lien permanent et durable d'amitié et de bonne volonté.

« Le Congrès demande qu'un organisme international soit créé sur les bases de la Croix-Rouge, organisme dont les membres seraient toutes les Sociétés Nationales de canots de sauvetage.

« Le Congrès déclare que des copies de ces résolutions seront envoyées à tous les pays touchant la mer, au siège de la Ligue des Nations à Genève, et aux Associations pour la Ligue des Nations dans les différents pays ».

M. Edvard Lithander, représentant le Gouvernement suédois, appuie ainsi ces résolutions :

La proposition faite par le Comte Yoshii contient beaucoup de choses intéressantes.

J'approuve son désir d'unifier, — je ne dirai pas de rendre uniforme, parce qu'il est nécessaire que chaque pays et chaque Société se règle sur les conditions qui ont provoqué sa naissance et son développement, conditions qui ont été trouvées convenables pour chaque pays particulier. Je ne voudrais pas qu'on recherchât cette uniformité dans le monde entier. Mais il est, sans aucun doute, tout à fait désirable que l'expérience acquise par ceux qui ont consacré leur vie à résoudre ces problèmes soit portée à la connaissance des diverses nations. Tout autour du

----

(1) Les noms de ces pays sont classés dans l'ordre de création de leurs services de sauvetage des naufragés.

monde les bancs de sable, les rochers et les grosses mers sont analogues. Les moyens de parer à leurs dangers qui ont été trouvés bons dans un pays seront utiles aux autres pays.

Dans la proposition, il y a un point qui réclame une attention spéciale : c'est que l'œuvre accomplie par les pays qui ont des organismes de sauvetage des naufragés soit portée à la connaissance des pays qui n'en ont pas.

Personnellement, je crois que cette proposition de créer un service international de sauvetage des naufragés concerne un objet en vue duquel une véritable Société des Nations pourrait se constituer, avec un but pratique dont bénéficiera le monde entier, malgré les démêlés et les points de vue différents dans les questions politiques.

N. B. — La résolution proposée par Sir Godfrey BARING a été adoptée à l'unanimité par le Congrès. Des copies en ont été envoyées aux Ambassadeurs, Ministres ou Représentants en Grande-Bretagne des pays suivants, en les priant de vouloir bien les transmettre à leur Gouvernement :

Albanie, Allemagne, Argentine, Autriche, Belgique, Brésil, Chili, Chine, Colombie, Costa-Rica, Cuba, Danemark, Equateur, Espagne, Esthonie, Etats-Unis d'Amérique, Finlande, France, Grèce, Guatémala, Hollande, Honduras, Italie, Japon, Livonie, Mexique, Nicaragua, Norvège, Pays-Bas, Perse, Pérou, Portugal, Roumanie, Russie, Salvador, Siam, Suède, Turquie, Uruguay, Venezuela, Yougo-Slavie.

Afin d'appeler l'attention générale sur l'importance de cette résolution, des copies en ont aussi été envoyées aux Hauts Commissaires des Dominions Britanniques, à la Ligue des Nations à Genève, et à la Fédération Internationale des Associations pour la Ligue des Nations à Bruxelles en priant celle-ci de les transmettre aux associations fédérées. En même temps des copies étaient adressées au Sous-Secrétaire d'État aux Affaires Étrangères, auquel on a demandé de faire porter officiellement cette résolution à la connaissance du Conseil de la Ligue des Nations par les soins du Gouvernement Britannique.

UTILITÉ
D'UNE MARQUE DISTINCTIVE INTERNATIONALE
POUR LES CANOTS DE SAUVETAGE COTIERS

Communication de M. Ottar Voct,
Secrétaire de la Société norvégienne de Sauvetage
des Naufragés

Comme premier pas vers l'idée d'une Ligue Internationale des Sociétés de Sauvetage des Naufragés, il serait désirable de créer une marque distinctive commune à tous les canots de sauvetage. Actuellement, il est toujours possible de se tromper, et des erreurs ont en effet été commises. Il ne devrait pas y avoir de doute possible. Quand un canot de sauvetage se rapproche d'une épave, il devrait être évident à première vue que ce canot est sorti exclusivement dans le but humanitaire de sauvetage de vies humaines. Actuellement, les canots de sauvetage des divers pays sont peints de couleurs différentes : les canots anglais sont bleus avec une mince bande rouge, les danois sont rouges ; d'autres, par exemple les norvégiens, sont blancs. Les marques distinctives sont aussi très différentes. Ils devraient avoir une croix qui signifierait le but humanitaire ; le canot de sauvetage est dès maintenant connu comme « la Croix-Rouge des Mers ». En Norvège, on a adopté une Croix de Malte inscrite dans un cercle bleu. Il conviendrait de discuter si une autre croix pourrait être adoptée grâce à un accord comme marque distinctive internationale.

DISCUSSION

M. GEORGE SHEE (*Grande-Bretagne*). — M. Ottar VOGT veut-il nous dire de quelle manière il conçoit que la marque qu'il propose devra être adoptée par les différents pays ?

M. OTTAR VOGT. — Si la Société de sauvetage anglaise veut bien suggérer une marque, je pense que tous nous l'adopterons volontiers pour nos canots. Je ne peux évidemment pas dire comment les différents pays traiteront cette proposition, mais probablement la plupart des Sociétés de canots de sauvetage, qui sont des Sociétés volontaires, l'adopteront. J'ai toujours pensé à une croix, mais à une croix qui ne puisse pas être confondue avec d'autres croix. Les Sociétés de sauvetage ont été appelées la « Croix-Rouge de la Mer ». Je pense qu'il serait bon qu'elles adoptent une croix.

M. GEORGE SHEE. — M. Ottar VOGT dans sa communication dit : «des erreurs ont été commises»; nous serions très heureux de savoir quelles sortes d'erreurs ont été commises et quelles ont été les conséquences de semblables erreurs. Les canots de sauvetage sont bien connus de tous les pêcheurs.

M. OTTAR VOGT. — Nos canots de sauvetage sont toujours dehors en croisière de la même manière que les autres bateaux de pêche, et, quand ils s'approchent d'autres navires, on ne les reconnaît pas toujours. Je me souviens de plusieurs cas où notre canot de sauvetage s'est approché d'un navire et où le navire ne comprenant pas que c'était un bateau de sauvetage s'est précisément éloigné. Dans une de ces occasions, le navire qui ne reconnaissait pas notre canot ne savait pas où il se trouvait et alla s'échouer ; le canot de sauvetage fit des signaux, on ne lui répondit pas, et le navire fut perdu. L'importance d'une marque distinctive est prouvée par un tel incident.

M. George Shee (*Grande-Bretagne*). — Ceci est donc un des points qu'il serait utile d'indiquer comme sujet de discussion si l'on donne suite à la proposition du Comte Yoshii. Une marque internationale ne pourrait être adoptée que par une Conférence internationale conformément à la résolution votée hier. Je ne pense pas qu'il soit possible pour le moment de faire quelque chose de ce côté.

M. le Président (*Grande-Bretagne*). — Je pense qu'il vaudrait mieux abandonner cette question en raison du désir que nous avons exprimé de voir réunir une Conférence Internationale sur les canots de sauvetage côtiers.

TABLE DES MATIÈRES

ORLÉANS, IMP. H. TESSIER

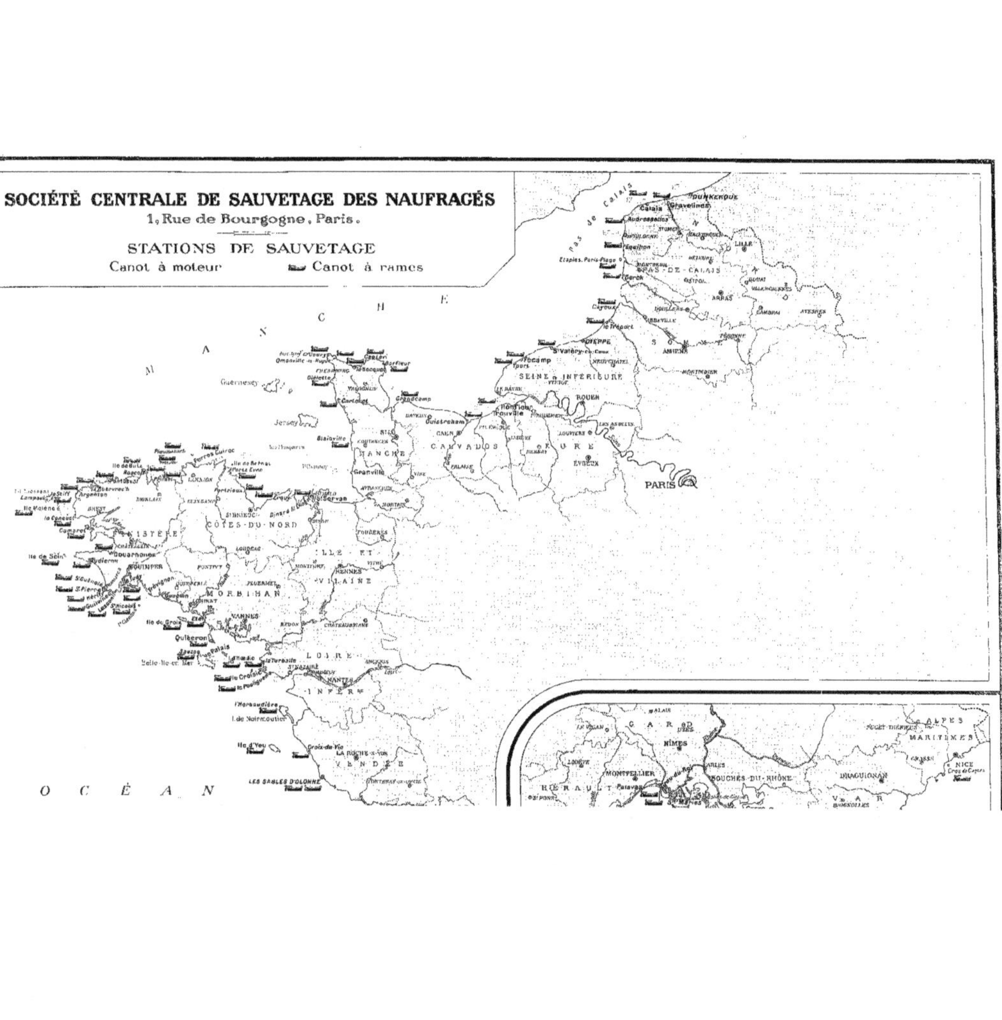

SOCIÉTÉ CENTRALE DE SAUVETAGE DES NAUFRAGÉS
1, Rue de Bourgogne, Paris.
STATIONS DE SAUVETAGE
Canot à moteur   Canot à rames
MANCHE
OCÉAN
PARIS
ROUEN
SEINE INFÉRIEURE
CALVADOS
EURE
MANCHE
CÔTES-DU-NORD
FINISTÈRE
MORBIHAN
ILLE-ET-VILAINE
LOIRE-INFÉRE
VENDÉE
BREST
QUIMPER
VANNES
RENNES
NANTES
LA ROCHE-s-YON
LES SABLES D'OLONNE
Guernesey
Jersey
DUNKERQUE
Calais
Gravelines
PAS-DE-CALAIS
ARRAS
LILLE
SOMME
AMIENS
DIEPPE
Fécamp
Honfleur
ÉVREUX
FALAISE
Pas de Calais
GARD
NÎMES
MONTPELLIER
HÉRAULT
BOUCHES-DU-RHÔNE
VAR
ALPES MARITIMES
NICE
DRAGUIGNAN

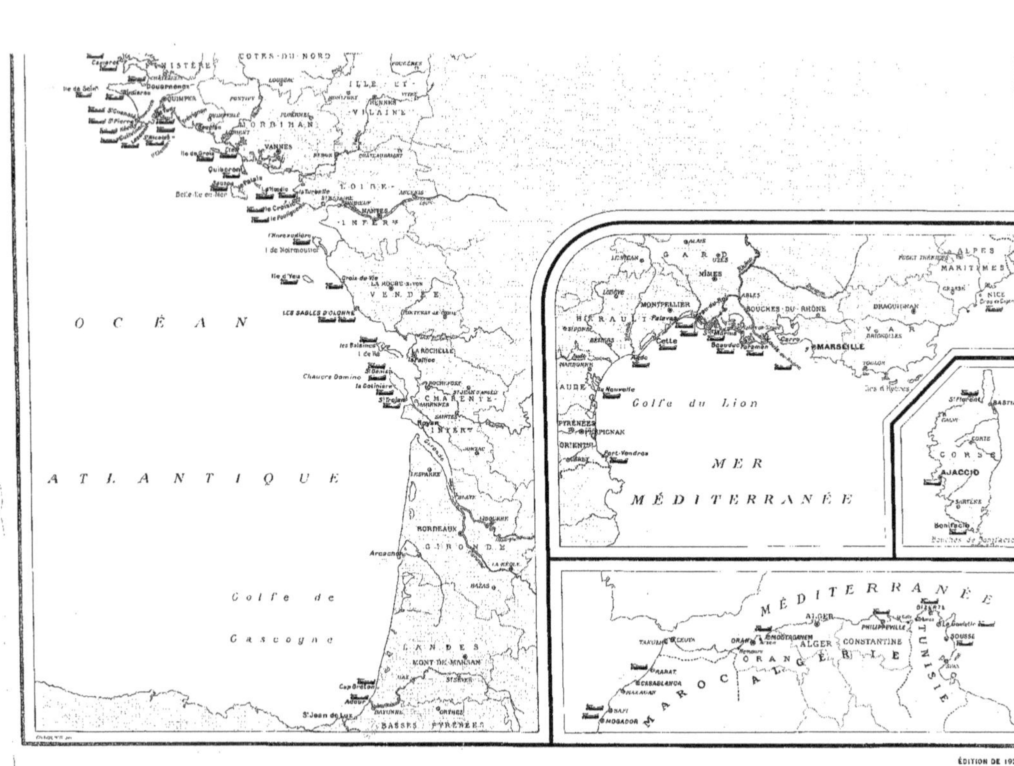

OCÉAN ATLANTIQUE
Golfe de Gascogne
CÔTES-DU-NORD
FINISTÈRE
ILLE-ET-VILAINE
MORBIHAN
LOIRE-INFre
VENDÉE
CHARENTE-INFre
GIRONDE
LANDES
BASSES-PYRÉNÉES
PYRÉNÉES-ORIENTes
HÉRAULT
AUDE
GARD
BOUCHES-DU-RHÔNE
VAR
ALPES-MARITIMES
Golfe du Lion
MER MÉDITERRANÉE
CORSE
AJACCIO
BORDEAUX
NANTES
VANNES
QUIMPER
LA ROCHELLE
MONTPELLIER
NÎMES
MARSEILLE
NICE
BASTIA
Bouches de Bonifacio
MÉDITERRANÉE
MAROC
ALGÉRIE
TUNISIE
ORAN
ALGER
CONSTANTINE
PHILIPPEVILLE
CASABLANCA
MOGADOR
SAFI